材料学シリーズ

堂山 昌男　小川 恵一　北田 正弘
監　修

# 材料物性と波動

コヒーレント波の数理と現象

石黒　　孝
小野　浩司　著
濱崎　勝義

内田老鶴圃

本書の全部あるいは一部を断わりなく転載または複写(コピー)することは，著作権および出版権の侵害となる場合がありますのでご注意下さい．

## 材料学シリーズ刊行にあたって

　科学技術の著しい進歩とその日常生活への浸透が20世紀の特徴であり，その基盤を支えたのは材料である．この材料の支えなしには，環境との調和を重視する21世紀の社会はありえないと思われる．現代の科学技術はますます先端化し，全体像の把握が難しくなっている．材料分野も同様であるが，さいわいにも成熟しつつある物性物理学，計算科学の普及，材料に関する膨大な経験則，装置・デバイスにおける材料の統合化は材料分野の融合化を可能にしつつある．

　この材料学シリーズでは材料の基礎から応用までを見直し，21世紀を支える材料研究者・技術者の育成を目的とした．そのため，第一線の研究者に執筆を依頼し，監修者も執筆者との討論に参加し，分かりやすい書とすることを基本方針にしている．本シリーズが材料関係の学部学生，修士課程の大学院生，企業研究者の格好のテキストとして，広く受け入れられることを願う．

監修　　堂山昌男　小川恵一　北田正弘

## 「材料物性と波動」によせて

　地球が明るく暖かく，生物がこんなにも繁栄しているのは，太陽からの光の恵みを絶えず受け取っているからである．人が外界から得る情報の85%程度は目から，すなわち光からであるという．このように光と人との関係は古く，最近では，通信技術も電気信号から光信号へと大きく動いている．波動という言葉に置き換えると，音，振動，波，電磁波などの全ての物理現象に波動が関係し，X線回折や電子顕微鏡などの分析技術もこれを基本にしている．したがって，波動を抜きにしては理工学を語ることはできない．

　本書は波動を理解し，それが理工学とどう関わっているかを基礎知識から述べたもので，これまでにない内容の教科書である．学生を初め，研究者・技術者にも広くお勧めできる良書である．

北田正弘

# まえがき

　現在，人類は 137 億年の過去を見つめようとしている．その過去を伝えてくれるのは，この宇宙空間をその間伝播してきた光である．光は「波動」としての性質を示す．一方，物質である電子の波動性は前世紀初頭に提唱され，量子力学として体系化され，情報社会形成の礎となった．そして今，世紀をまたいでエレクトロニクス，オプトエレクトロニクスとして技術展開が進行している．こうした進展を支える現代科学・技術において，波動の概念は最も基本的な考え方の 1 つであり，その理解の重要性はいうまでもない．

　工学・理学が対象とする分野は多様化し，無機的物質世界から，生命・環境を始めとする，複雑で必ずしも解の一意性を保証できない世界へと拡がりつつある．今の学生諸君はこうした分野も学ばなければならない．その結果，わが国の大学教育においては一昔前には既習とされていた基本的事項を前提とした教育だけでは対応できない状況が生じている．しかし，次世代を担う諸君を育てるには時間が限られている．したがって，より洗練された基本的概念が多様な世界の記述に有効であることを示し，学生諸君が自ら学ぼうとする動機付けをすることが肝要であると思われる．

　コンピューター性能の向上により，必ずしも式の解析的導出を行わなくても求める答えが目の前に現れる時代である．しかしながら，新たな創造のためには式の背後にある思想を学び，理解することが必要である．そうでなければ，論理的思考は困難である．「言葉としての数学」を大切にしたいと思う．そのためにも，数学と物理現象はそれぞれ独立したものではないことを再認識すべきであろう．

　本書は上記背景に根ざして執筆された．波動を数理に裏打ちされた物理現象として捕らえることを学ぶための教科書である．加えて，波動の概念が現代工学の特筆すべきいくつかの分野の理解に展開する事例も紹介している．

## まえがき

　第1章では，光を例に波動の干渉性について述べている．第2章では，波の記述にとって必要な数理とフーリエ変換の導入を行っている．第3章では回折現象の基本であるキルヒホッフの回折理論とフーリエ変換について説明している．同時にフーリエ変換が単なる数学的産物ではなく，レンズを用いて可視化することができることを示している．第4章では回折現象と物質構造について，フーリエ変換との関わりを意識して記述している．特に，実空間と逆空間との関係について学んでほしい．最後の第5章では波動の応用として，レーザーによる回折の実例，X線回折実験の実例，電子顕微鏡による回折像と像の観察の例，そして，超伝導電子波の基本と干渉の実例について紹介した．これら波動に関する実例は1つ1つがノーベル賞として評価されたものであり，いうまでもなく，わずか1つの章で語り尽くせるものではない．これから学ぼうとする諸君が限られた時間で様子を垣間見ることができれば幸甚である．

　大学，大学院で学んだ諸君がこれから世の中に出るということは，大海原の真ん中に一人放り出されることに似ている．人はコップ1杯の水を飲むことができるだけで，大海原の水をすべて飲み干すことができないのは普遍的真理である．どちらを向いて歩くべきなのかもわからない．そうした存在である諸君が，今，学び培うべきは思考力ではないだろうか．本書がその一助となれば幸いである．著者の浅学故に誤謬もあると思われる．お気づきの点があれば批判と叱正を頂きたく心よりお願いする次第である．

　堂山昌男先生，小川恵一先生，北田正弘先生には本書執筆の機会を与えていただきました．特に北田正弘先生は，筆の重い著者を数年に亘り忍耐強く励ましてくださり，原稿に対しては有益なご助言をいただきました．また，本書の出版に関しては内田老鶴圃の内田悟社長ならびに内田学氏に大変お世話になりました．関係各位に心より御礼申し上げます．

　2006年5月

著者代表　石　黒　　孝

# 目　　次

材料学シリーズ刊行にあたって
「材料物性と波動」によせて

まえがき ……………………………………………………………… iii

## 1　波動のコヒーレンス ……………………………………………… 1
1.1　波動の美しさ ………………………………………………… 1
1.2　波動の可干渉性(コヒーレンス) ……………………………… 3
1.3　光波の可干渉性(コヒーレンス) ……………………………… 4
1.4　コヒーレントな光波 ………………………………………… 6
1.5　時間的コヒーレンスと空間的コヒーレンス ………………… 12

## 2　波の数理 …………………………………………………………… 17
2.1　波とは—基礎事項— ………………………………………… 17
2.2　Euler の無理数と Euler の式 ………………………………… 23
2.3　Euler の式の導出法 …………………………………………… 24
2.4　Fourier 級数展開と Fourier 変換 …………………………… 26
2.5　ディジタルフィルタ回路(Fourier 変換の例) ……………… 33

## 3　波の回折現象 ……………………………………………………… 37
3.1　平面波と球面波 ……………………………………………… 37
3.2　Huygens の原理と回折実験の意味 ………………………… 43
3.3　Kirchhoff の回折理論と Fourier 変換 ……………………… 45
3.4　レンズの作用 ………………………………………………… 49

## 4 実空間と逆空間 ……………………………………………… 53
### 4.1 一次元および二次元回折格子のFourier変換 ……… 53
### 4.2 散乱ベクトルと逆格子ベクトル ……………………… 63
### 4.3 三次元格子と物質構造 ………………………………… 66
### 4.4 回折実験と逆格子 ……………………………………… 75

## 5 コヒーレント波動の実際 ……………………………………… 85
### 5.1 レーザー光の偏光・回折・干渉 ……………………… 85
### 5.2 X 線 回 折 ……………………………………………… 99
### 5.3 電 子 線 ………………………………………………… 104
### 5.4 超伝導電子波 …………………………………………… 114

参考文献 ……………………………………………………………… 133
索　　引 ……………………………………………………………… 135

# 波動のコヒーレンス

## 1.1 波動の美しさ

　後にある程度定量的に議論するが，現段階で非科学的な表現を恐れずにあえて使うならば，波動現象には「美しい波動」と「美しくない波動」がある．本章で取り扱う波動のコヒーレンスはこの波動の「美しさ」と大きな関係がある．多くの読者にとって，「波」という言葉からまず連想されるのは，水面に発生する波であろう．静かな水面に石を投げ込むと，水面に波紋が立ち，石が落下した点から外側に向かって広がっていくのが観察される．波紋は石を投げ込んだ時点から時間の経過とともに次第に減衰する．波紋を永久に持続させるためには，石をどんどん連続して投げ込んでいく必要がある．美しい波紋を定常的に形成させるためには，石を周期的に全く同じ位置に投げ込むことが必要である．もし石を投げ込む時間的周期性が乱れたり，石を投げ込む位置が一定でなければ，波紋が乱れて波としての美しさが損なわれる．

　このように，永続的な「美しい波動」の形成には，波動の発生源における「位置」「大きさ」「周期性」が重要であり，波動のコヒーレンスに重要な役割を果たしている．

　このような観点から波動現象を分類していくと，図1.1に示すような分類をすることができる．大きくは，波動に規則性があるか(図1.1(b))，ないか(図1.1(a))によって分類されるが，規則性がある波動の中で，最も簡単な周期的波形は，図1.1(c)に示されている正弦波であり，波動の振幅を$A$とすると

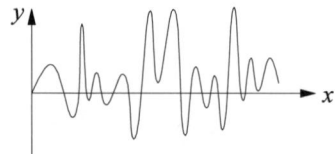

（a）不規則な波形

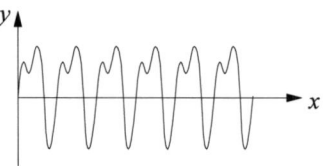

（b）規則的な波形

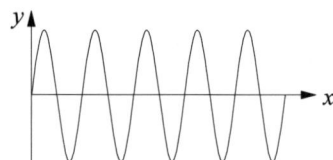

（c）最も簡単な周期的波形（正弦波）

図1.1　種々の波動

$$\begin{cases} y = A \cdot \sin x \,(\text{正弦波}) \\ y = A \cdot \cos x \,(\text{余弦波}) \end{cases} \tag{1.1}$$

と書くことができる．後に出てくる波動としての基本的な性質である「回折現象」「干渉現象」を取り扱うための波動の式として，正弦関数や余弦関数を用いるのは，数学的容易さのためである．これらの関数は，実際に観察される波動のイメージを，ある点では単純化し，ある点では一般化し，抽象化したものである．波動に関わる多くの現象は，式(1.1)，もしくは，それを重ね合わせた波の式から出発することによって説明される．

## 1.2 波動の可干渉性（コヒーレンス）

「美しい波動」を抽象化した正弦波により，波動の干渉について考える．今，静かな水面の異なる2点に小石を同時に投げ込むと，それぞれの小石の落下点を中心として波動が広がっていき，山と山，谷と谷が重なった所では波動の振幅が大きくなり，山と谷が重なった所では振幅が小さくなる．この様子を図1.2に示す．このように複数個の波動が重なり合うことによって，強め合ったり弱め合ったりし，元の波動とは異なった波動を生じる現象を干渉といい，干渉する性質を**可干渉性**（コヒーレンス），コヒーレンスを有する波動を**コヒーレント波動**と呼んでいる．

このような干渉現象は，すべての波動現象について起こりうるものであろうか．たとえば，先ほど例に挙げた水波の例で，水面上の異なる2点に同時に小石が落ちたと仮定すると，その時点から同時に発生した2つの波動が，ある時間経過した後に，図1.3(a)に示すように出会い干渉する．この干渉現象が起こるのは，波動が重なっている，あるいは持続している時間内であり，それを

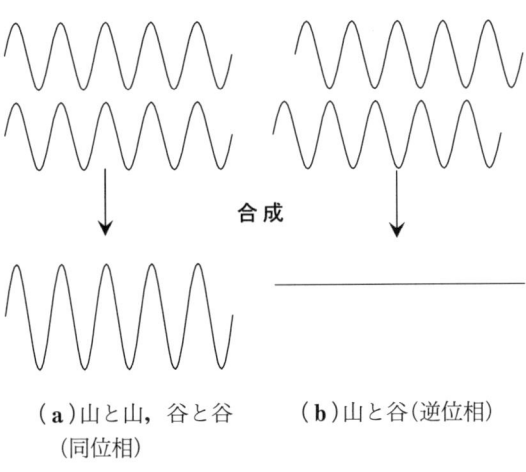

図1.2 干渉現象

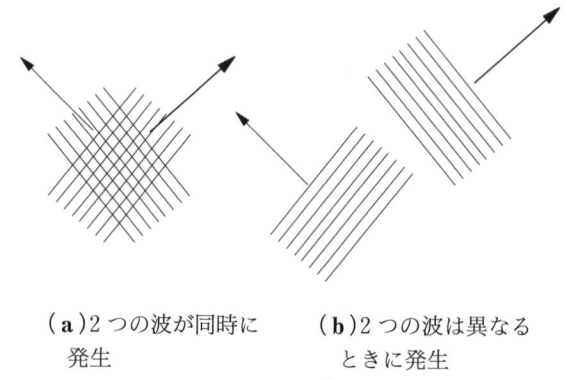

(a) 2つの波が同時に発生　　(b) 2つの波は異なるときに発生

図1.3　波動の出会いと干渉

過ぎると干渉現象は消滅する．

　また，図1.3(b)に示すように，小石を落とした瞬間が異なり，一方の波動が通過消滅したのちに次の波動がやってきた場合には，両者は出会うことがないので，干渉現象は観察されない．仮に小石を同時に落とし，そこから発生した波が干渉を起こしたとしても，小石を落とすのが一度だけであるならば，干渉現象が起こるのは両方の波動が発生している時間内だけである．継続的に干渉現象を起こしてやるためには，同じ場所に同じ周期でどんどん小石を投げ込み「美しい波動」を作る必要がある．以上のことからわかるように，コヒーレンスのよい波動とは「美しい波動」のことである．もし全くでたらめな場所からでたらめな周期で波動がやってくるとすると，個別の波動の重なりが短時間の内にできては消えていくことになり，定常的な干渉現象は観察できない．

## 1.3　光波の可干渉性（コヒーレンス）

　波動のコヒーレンスについてもう少し詳しく具体的に解説するために，光波を取り上げてみる．光波のコヒーレンスについても水波の場合と同様に扱うことができる．波動現象の代表例として光波を考えた場合には，蛍光灯や白熱灯の光は「美しくない波動」であり，デジタル・ビデオ・ディスク（DVD）やコ

## 1.3 光波の可干渉性(コヒーレンス)

ンパクト・ディスク(CD)機器などに用いられるレーザーの光は「美しい波動」に相当する．水波発生との類似性を見るために，まず光の発生源について述べる．

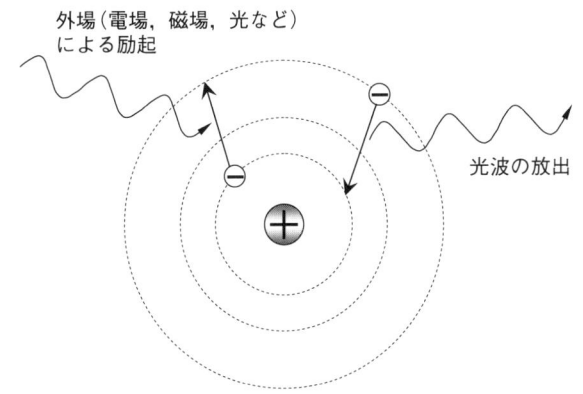

図1.4 原子からの光波の放出

光は，たとえば図1.4に示すように，外場によって励起された原子や分子中の電子がエネルギーの高い状態から低い状態へ遷移する際に放出される．その放出時間は極めて短く，$10^{-9}$〜$10^{-10}$秒程度である．光の伝播速度は$3×10^8$ m/s程度であるので，上記の放出時間で継続する波動の長さはおおよそ3〜30 cmとなる．水波との関連でいうなら，1つの原子から発生するこの短い光波は，水面に落とした1つの小石によって発生する限定された水波に相当する．一般的に，光は無数の励起された原子から続々と発生した，短い光波の集合体として観察される．これは，水面に多数の雨だれが当たっている場合には多くの波が互いに複雑に重なり合い，定常的な干渉の縞としては観察されないのと類似している．このように光は電磁波といっても，個々の電子のエネルギー遷移に対応する短い波動の集合体であり，通常のタングステンランプなどによって発生する光波は図1.5に示すように，波長，周期等の異なる複数の波が混在するランダムな状態にある．このような波動を**インコヒーレント波動**と呼ぶ．このように通常の光波はインコヒーレント波動である．もし太陽からの光がコ

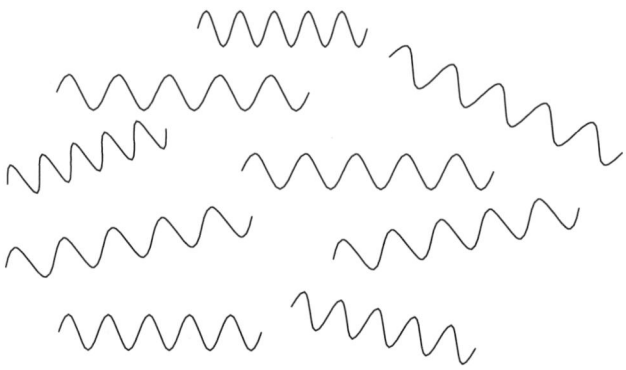

図 1.5 インコヒーレントな波動群

ヒーレント波動であったら，いたるところで光波は干渉し，世の中の見え方は全く違ったものになるはずであり，生物の目の進化の様子も全く違ったものになっていたかもしれない．しかし，普通の状態での光波（自然光と呼ぶ）はインコヒーレントであり，波としての干渉現象を普通の状態の肉眼で観察することはない．このことが，17 世紀に起こった光は粒子か波動かという議論の原因であったと考えられる．コヒーレントな光波が当たり前の状態であれば，波動としての光学現象が容易に観察され，このときの議論もおのずから異なったものになったであろう．

## 1.4　コヒーレントな光波

　インコヒーレント波動である光波をコヒーレント波動にし，干渉現象を観察するためにはどうすればよいであろうか．そのためには，通常は図 1.5 に示すようにランダムな状態にある短い波動の集合体の中から，向きのそろった波動を選び出すことが必要である．その 1 つの方法は，白色光源ランプから出た光を非常に狭い孔に通過させることである．狭い孔を通過させることによって，望みの向きに進行する光波だけを選び出すことができる．その場合でも，できるだけ小さな大きさの光源から始めるのが好ましい．このことは，水波の実験

## 1.4 コヒーレントな光波

においてきれいな波を得るためには，水面のさまざまな場所に小石を落とすのではなく，ある決まった位置に落とすのが好ましいのと同じ状況である．ヤング(Thomas Young, 1773-1829)は，この方法によってコヒーレント光源を作り出し，「ヤングの干渉実験」として有名な光波の干渉実験を行った．

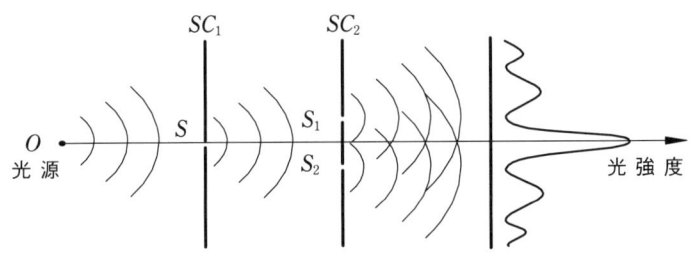

図 1.6　ヤングの干渉実験

**ヤングの干渉実験**は図 1.6 に示すように，インコヒーレントな光源 $O$ から出た光を最初のついたて $SC_1$ にあけた孔 $S$ を通過させることから始まる．

光源 $O$ から出た光は，いろいろなエネルギー状態，異なる場所にある原子等から放射されたものである．インコヒーレント波動であるが，その中から図 1.6 の右側に進行する光波を孔 $S$ によって選択的に取り出すことによってコヒーレンスが高められている．次に，ついたて $SC_2$ にあいた 2 つの孔 $S_1$, $S_2$ を通過させると，よりコヒーレンスの高められた光波が同時に発生し，球面状に伝播する．この状況は，水波の実験でいえば，水面の異なる 2 点に同時に小石を投げ込んだ場合に似ている．$S_1$, $S_2$ で同時に発生した波動は，球面状に伝播していくが，その山と山が重なったところでは強め合い，山と谷が重なった所では弱め合うという現象(干渉現象)は，このようにして作られたコヒーレント波動である光波でも水波でも状況は同じである．このようにしてヤングは，図 1.6 に示したような光波の干渉によって生じる明暗の縞を観察することに成功した．図 1.6 に示す矢印線上は，コヒーレント波動の発生位置である $S_1$, $S_2$ から常に同じ距離にあり，波動の山と山が重なる状況にある．このため，干渉光はこの矢印線上で最も強くなることになる．矢印線上の観察点から見ると，

光源はついたてによって隠れた状態，すなわち影になっているにも関わらず最も強い光が到達することになり，このことが光の伝播は波動現象であることの証拠ともなる．このように，小さな孔を通過した光波は光源の中の1点から出た光と等価とみなすことができる（**点光源**と呼ぶ）．点光源であれば，水面の決まった1点に決まった周期で小石を落とした場合と同等であり，水波の実験で考察したようにコヒーレント波動であるとみなすことができる．

次に，「小さな孔」という少しあいまいな表現について考察する．文字通りの点光源を作り出すためには，孔の大きさは小さければ小さいほどよい．孔の大きさが大きくなるということは，小石を落とす位置がぶれていくことに相当するからである．孔の大きさが大きくなってくると，図1.7に示すように，孔の各点から，個別に球面波が発生するようになり，個別に発生した球面波は，スクリーン上の別の位置に干渉縞を発生させるようになる（図1.7，点線）．最終的に観察される干渉縞は，それらを足し合わせたものとなるので，干渉縞の明暗のコントラストが低下することになる（図1.7，実線）．孔がどんどん大きくなると，最終的には干渉の縞が観察できなくなる．このことは，発生した光波のコヒーレンスが低下していることに対応している．

波動の干渉の起こしやすさは，その波動のコヒーレンスの程度と大きな関係がある．干渉縞の明暗のコントラストの性能を現すには，次式で示す**干渉縞の**

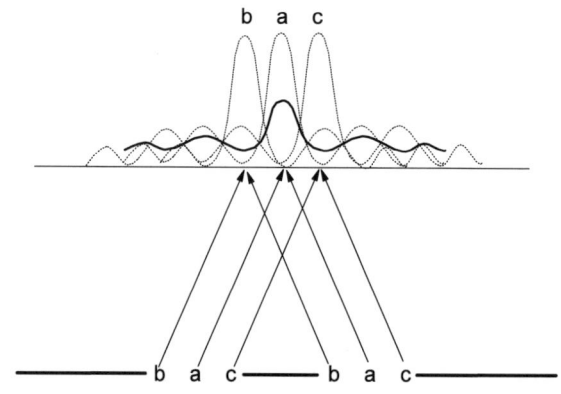

図1.7　大きな孔の場合の干渉

## 1.4 コヒーレントな光波

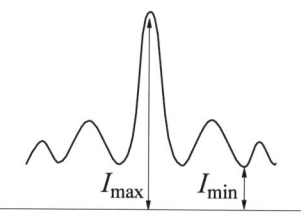

図 1.8 干渉縞の明瞭度

明瞭度 (visibility) が用いられる．

$$V = \frac{I_{\max} - I_{\min}}{I_{\max} - I_{\min}} \tag{1.2}$$

ここで，$I_{\max}$ および $I_{\min}$ は図 1.8 で示すように干渉縞の最も明るい部分と暗い部分の光強度である．式(1.2)から，$V=1$ であれば干渉縞の明暗のコントラストが最も高く，光波は理想的なコヒーレンスを有し，逆に $V=0$ であれば干渉縞は発生せず，光波は完全にインコヒーレント状態であるといえる．このように，小さな孔を通過させる方法で波動のコヒーレンスを向上させるためには，孔の大きさをどんどん小さくする必要がある．しかし，孔を小さくすれば小さくするほど光量が少なくなる．このため，この方法でコヒーレント光を作り出すのは，あまり実用的ではない．

　コヒーレントな光波を作り出すもう1つの方法は，レーザー光源を用いることである．最近は，レーザー光源が手軽に用いられるようになってきたため，単色性や指向性に優れるレーザー光線を目撃する機会も多くなった．「単色性」や「指向性」はレーザー光の良好なコヒーレンスの結果であるが，そのような性質は，どのような原理によってもたらされるのであろうか．光は原子や分子中の電子が外場エネルギーによって励起され(**励起状態**)，その後もとの状態(**基底状態**)に戻る際にそのエネルギーを光として放出することによって発生する．したがって光の吸収および放出は，簡単に書くと，図 1.9 のように書くことができる．

　通常の光源では，このような光の放出過程が個別に，たくさんの原子の中で無秩序に起こっているために，インコヒーレントであることはすでに述べた通

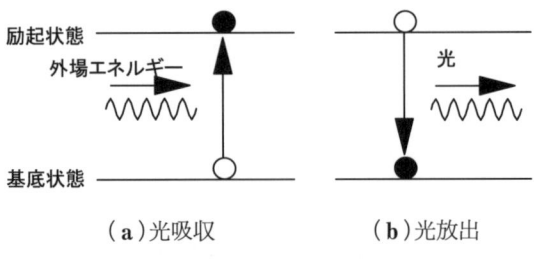

図 1.9 光の吸収と放出

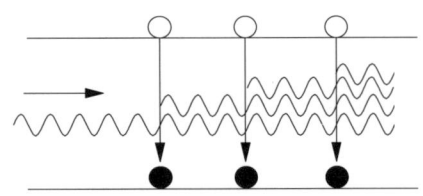

図 1.10 光の誘導放出過程

りである．レーザー光を考えるときには，これらの自然放出過程による光の発生の他に，図 1.10 に示す別の放出過程が存在する．

図 1.10 に示すように，すでに励起状態にある電子に光が作用すると，図 1.9(a) に示した光の吸収過程は起こらず，励起原子と光の間で共振といわれる現象が起こり，作用した光と同じ周波数で同じ位相の光が放出される(**誘導放出**と呼ぶ)．誘導放出された光も，次に基底状態にある電子に遭遇すると，図 1.9(a) に示す吸収過程によって吸収されてしまうが，強力な外場によって励起状態にある電子数の方が，基底状態の電子数より多い状態(**反転分布**と呼ぶ)が形成されていると，誘導放出された光がさらに次の励起状態にある電子から誘導放出を引き出すという誘導放出のなだれ現象が起こる．このように反転分布が生じている物質中では，誘導放出がなだれ状に発生し，同じ周波数と位相をもった光波が満ち溢れる状況を作ることができる．

このような反転分布を形成し，誘導放出された光が満ち溢れた媒質を図 1.11 に示すような平行に向かい合わせた 2 枚の鏡の中に入れると(**光共振器**と

1.4 コヒーレントな光波

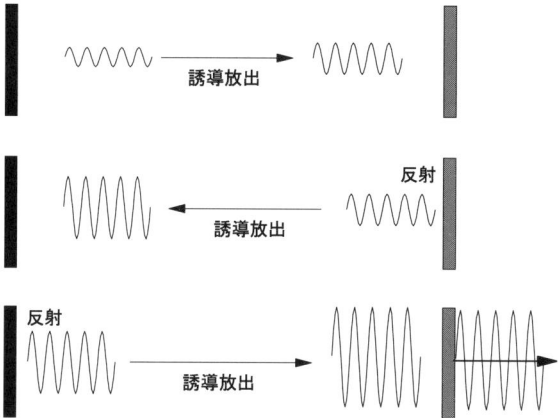

図1.11 光共振器による光の増幅とレーザー発振

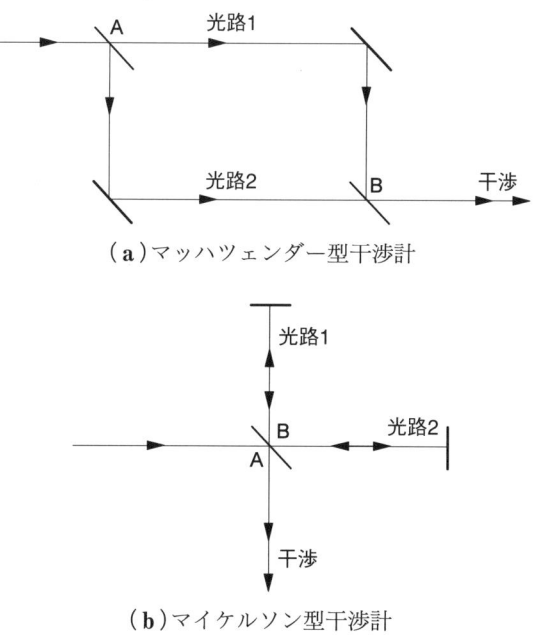

(a)マッハツェンダー型干渉計

(b)マイケルソン型干渉計

図1.12 レーザーを用いた光干渉計

呼ぶ），発生した光波は光共振器内を何度も往復し，その往復方向に伝播する光波が誘導放出によって選択的に同位相で増幅されることとなる．片側の鏡（図1.11では右側）から光がわずかに透過するようにしておけば，増幅された光が共振器の外に出ることとなる．

レーザー発振を用いれば，高出力のコヒーレントな光波を取り出すことが可能となる．レーザー光線は，一般的にコヒーレンスが高く，干渉を容易に起こすことができる．レーザーを用いた干渉計は，図1.12に示すマッハツェンダー型とマイケルソン型に大別される．

どちらの干渉計もA点で2つの光波に分かれ，おのおの別の光路1,2を経たのちにB点で再び出会い干渉するという構成になっており，このことは，2つの小さな孔を通過した2つの光波が再び出会う現象を観察したヤングの干渉実験と同じである．このようなレーザーを用いた光干渉計は，種々の計測分野を中心として現代の科学技術にはなくてはならない存在となっている．

## 1.5　時間的コヒーレンスと空間的コヒーレンス

コヒーレンスをより詳しくみていくと，その内容は時間的コヒーレンスと空間的コヒーレンスに分けて取り扱われている．時間的コヒーレンスがよいとは，長時間にわたって，光波が式(1.1)で示した正弦波となっていることである．このことは図1.12(b)で示したマイケルソン型干渉計による干渉現象をより詳しく考察することによって明らかとなる．理想的な「時間的にコヒーレントな波動」は，正弦波が無限時間にわたって永続的に継続する．このようなときには，図1.12(b)中のA点で2つに分かれた光波が，おのおの光路1,2を経てB点で再び出会うが，そのときの2光波の位相の関係によって図1.13に示すように，光干渉の結果明るくなったり暗くなったりする．

図1.13の(a)の状態となるか，(b)の状態となるかは，光路1と光路2の距離の差(**光路差**)に依存する．ここで，正弦波の山から山までの長さ(波長という)を$\lambda$，光路差を$\Delta l$とすれば

## 1.5 時間的コヒーレンスと空間的コヒーレンス

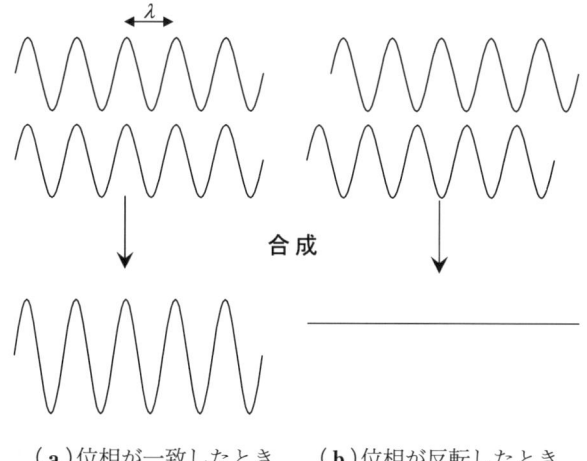

(a)位相が一致したとき　(b)位相が反転したとき

図 1.13　干渉計からの出力光の明暗

$$\Delta l = m\lambda \,(m:正の整数)\quad :明(図1.13(a)の状態)$$
$$\Delta l = m\lambda + \frac{1}{2}\lambda \qquad\quad :暗(図1.13(b)の状態) \tag{1.3}$$

の関係が得られる．式(1.3)は，干渉計の A 点で分かれた正弦波が再び出会った時点でどれだけお互いに位相がずれているかによって明暗が出現することを表している．そのずれ方は光路差によって決定され，光路差を変えることによって(干渉計中の一方の鏡を移動させることによって可能)，明暗の状態が交互に現れることになる．この明暗の状態を光路差の関数として観察すると，光源の時間的コヒーレンスの状態によって図 1.14 のように異なる結果が得られる．

　時間的コヒーレンスが理想的に良好な場合には，**マイケルソン干渉計**において片方の鏡を大きく動かして光路差を大きく取った場合でも，必ず山と山，谷と谷がそろう状況が作られるので，干渉による明暗はどこまでいっても現れる．これに対して，時間的コヒーレンスが良好でない場合には，光路差がある程度大きくなると干渉すべき相手の波動と出会えなくなり，図 1.14(b)に示すように干渉現象が生じなくなる．干渉現象が現れている光路差のことを**コヒ**

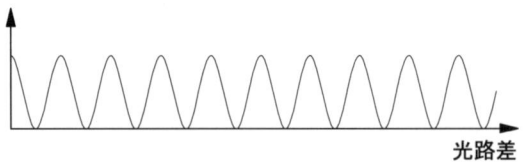

（a）時間的コヒーレンスが良好な場合

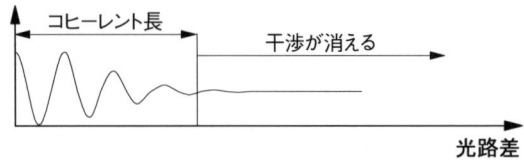

（b）時間的コヒーレンスがよくない場合

図 1.14　時間的コヒーレンスと干渉計出力

ーレント長と呼んでおり，コヒーレント長が長いほど時間的コヒーレンスが良好である．

　光波の単色性と時間的コヒーレンスの間には，大いに関係がある．図1.15(a)，(b)は，波長がわずかに異なる光波を示している．この2つの光波の干渉を考える．それぞれの光波では正弦波が永続的に続き，時間的コヒーレンスが良好であっても，わずかに異なる波長をもつ光波が混在すると，光路差が大きくなるに従って山の位置が互いにずれてくる．このような図1.15(a)，(b)に示す2光波が干渉すると，図1.15(c)に示されているように，光路差が小さいうちは干渉光が現れるが，光路差が大きくなると干渉光が消え，再び現れるという現象が生じる．このような場合には，コヒーレント長は干渉光が現れている長さで決まり，単色性の劣化とともに時間的コヒーレンスが低下することになる．

　空間的コヒーレンスは，光源の出力端面の異なる2点からの出力光の可干渉性によって決まる．一般的に光源は，たとえレーザーであっても有限の面積をもつ端面から出力される．そのとき，もし異なる2点からの出力光波がインコ

1.5 時間的コヒーレンスと空間的コヒーレンス　　　15

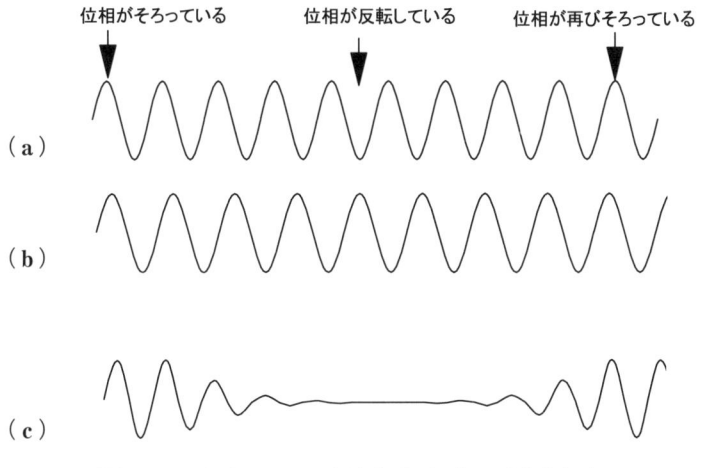

図 1.15　波長の異なる光波(a),(b)と干渉光(c)

ヒーレントであったなら，同一時間に放出された広がった波面上の異なる点でもインコヒーレントであり，その後の干渉現象に大きな影響を及ぼす．空間的コヒーレンスの概念がよく意識されるのが，1.4節で述べたヤングの干渉実験である．ヤングの干渉実験では，干渉を起こさせるのに，光を通過させる孔の大きさをなるべく小さくする必要がある．このことは，光源の出力端面(この場合には孔になる)の中の異なる2点での空間的コヒーレンスが保障されていないため，孔を大きくするとこれらの光波が混在する状態となり，空間的にインコヒーレントな状態となることを意味している．

# 波の数理

## 2.1 波とは―基礎事項―

　初学者に波の例を聞けば，水波や音波，地震波と答える人が多い．科学技術の分野では，携帯電話やCDに使われる**電波**\*や**光波**(まとめて**電磁波**)が重要な波である．通常，波を伝えるには媒質(水波は水分子，音波は空気の分子)が必要であると考えるが，電磁波(電波，赤外線，可視光線，紫外線，X線など)を伝える物質的媒質は実験的には見つかっていないし，古典電磁気学の理論では媒質はなくてもよいことになっている．代わりに"場"(電磁場)という抽象的概念を用いる．

　さて，大学では数理の基礎として

$$e^{i\theta} \tag{2.1}$$

を数学で習う．ここで，$e$ は自然対数の底，$i$ は虚数単位，$\theta$ は偏角である．

$$e^{i\theta} = \cos\theta + i\sin\theta \tag{2.2}$$

と表される．この式(**Eulerの式**)は人類の至宝とされている．また，この式は $\theta \equiv \pi$ のとき

$$e^{i\pi} = -1 \tag{2.3}$$

となり，無理数 $e, \pi$ と虚数単位 $i$ とを結びつける関係式となる．

　まず，波の基本的な数式について述べる．ここでは，将来必要となる数値解析の技術の基礎も含めて学習する．以下のプログラムには True BASIC を使う．このソフトはグラフィック命令が簡単であることから入門者には理解しや

---

\* 電波とはテレビ，ラジオなど，通信に使う周波数領域の電磁波のこと．

すい.本格的な波動シミュレーションをしたい場合,文献[1]を参考にしてほしい.ここでの目的は波の世界に興味をもつことである.

まず,次式のような簡単な三角関数の式から始める.

$$\begin{cases} x = \cos\theta \\ y = \sin\theta \end{cases} \quad (2.4)$$

この式(2.4)は$\theta$が増加するとき,半径1の円周上を反時計方向に回転する点$(x, y)$を表す.言い換えると,円盤の中心から1だけ離れた位置に棒を立てて,円盤を反時計方向に回転させ,棒の先端を回転軸に平行な真上から見た図になる.

```
LET Pai=3.14159565
SET WINDOW -1.5,1.5,-1.5,1.5
DRAW grid (1,1)
FOR a=0 TO 4*Pai STEP 0.01
   LET x=cos(a)
   LET y=sin(a)
   PLOT x,y
NEXT a
END
```

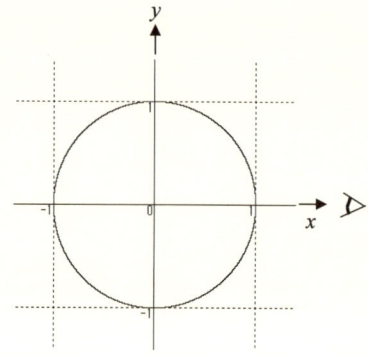

図 2.1 式(2.4)のグラフ

プログラムが初めての読者のために,プログラムを簡単に説明する.プログラムではギリシャ文字が使えないので,$\theta \to a$としている.

- 1行目は定数$\pi=3.14159565$を与えている.
- 2,3行目はグラフィック命令で,
  SET WINDOW($x$軸の範囲は$-1.5$から$1.5$まで,$y$軸の範囲は$-1.5$から$1.5$まで)
  DRAW grid($x$軸の刻みは1,$y$軸の刻みは1)
- FORからNEXTの間では,0から0.01ずつ足し算して,$a$の値を決めて,そのつど$\cos a, \sin a$を計算し,それぞれを$x, y$とおいて,その座標

に点を打っている．PLOT x, y が描画命令である．$a$ が $4\pi$ になるまで続けている．

・そして実行結果が図2.1(右)となる．

それでは，この棒を右側から眺めたらどうなるだろうか．棒は上下に動くことが想像されよう．これを図に表してみよう．この場合(右側から見た場合)，$x$ 軸に平行に眺めているので，$x$ の値は見えず，$y$ の値の変化だけが観測される．したがって，これを平面図に表すには，$y \leftrightarrow \theta$ の関係図を表すことになる ($\theta = a$，図2.2)．波の形になっている．次の式を図に表してみる(図2.3)．

$$y = \sin(\theta - 2) \tag{2.5}$$

図2.2と比較して，右に2だけずれている．この場合，ずれた量は一定($=2$)であったが，ずれの量が変化する波の場合，波の式を

```
LET Pai=3.14159565
SET WINDOW -2,15,-2,2
DRAW grid (1,0.5)
FOR a=0 TO 4*Pai STEP 0.01
    LET y=sin(a)
    PLOT a,y
NEXT a
END
```

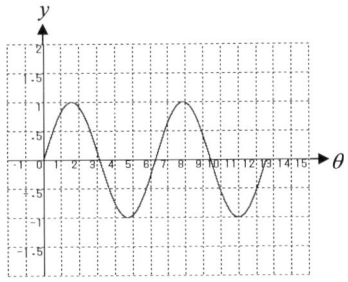

図2.2 $y = \sin\theta$ のグラフ

```
LET Pai=3.14159565
SET WINDOW -2,15,-2,2
DRAW grid (1,0.5)
FOR a=0 TO 4*Pai STEP 0.01
    LET y=sin(a-2)
    PLOT a,y
NEXT a
END
```

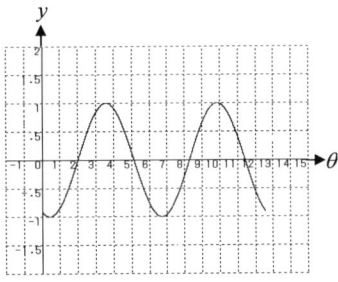

図2.3 $y = \sin(\theta - 2)$ のグラフ

$$y = \sin(\theta - b) \tag{2.6}$$

と書き，$b$ の値を $[0, 10]$ の範囲で 0.05 刻みで変化させる．下記のプログラムでは 2 行目に示されている．つまり，波のずれ $b$ の値を時間的に 0.05 ずつ変化させていくことを意図している．

```
LET Pai=3.14159565
FOR b=0 TO 10 STEP 0.05
    CLEAR
    SET WINDOW -2,10,-2,2
    DRAW grid (1,0.5)
    FOR a=0 TO 4*Pai STEP 0.01
        LET y=sin(a-b)
        PLOT a,y
    NEXT a
NEXT b
END
```

上記プログラムを実行させると動画が得られる．波が左から右へ進行していく様子がわかる．左から右へ進む波が $y = \sin(\theta - b)$ であるから，右から左へ進む波は，$y = \sin(\theta + b)$ となる．これを重ね合わせる（足す）と定在波，すなわち進行しない波ができる．上記プログラムの 7 行目を

$$y = \sin(\theta - b) + \sin(\theta + b) \tag{2.7}$$

と書き換えて実行してみれば，上下に振動するだけの波が観測できる．上式は

$$y = \sin(\theta - b) + \sin(\theta + b) = 2\sin\theta \cdot \cos b \tag{2.8}$$

と書き換えられるから，進行波ではなくなる（定在波）．

波を一般的に表すにはどのような記号を用いればよいだろうか．時間変数を使うために，まず周波数 $\nu$（または角周波数 $\omega = 2\pi\nu$）と時間 $t$ を用いて

$$\theta = 2\pi\nu \cdot t = \omega \cdot t \tag{2.9}$$

と置き換える．これは，$\nu = 1[\text{Hz}]$ としたとき，$t = 1[\text{s}]$ 間に 1 回転 ($a = 2\pi$) となるようにしたものである．$\omega$ は図 2.1 で示した円盤上の点の 1 秒当たりの回転角速度を示す．

## 2.1 波とは―基礎事項―

これまでの議論で $y=\sin(\theta-b)$ は，横軸を $\theta$ としたとき，その正の向きに進む波を表していた．ここで，$\theta \to \omega t$ としたとき $dt$ 時間後の波は

$$y = \sin[\omega(t-dt)] \quad (2.10)$$

と表される．この $dt$ 時間に波が進んだ距離を $x$ とし，波の速度を $u$ とすれば

$$dt = \frac{x}{u} \quad (2.11)$$

であるから

$$y = \sin\left(\omega t - \omega\frac{x}{u}\right) = \sin\left(\omega t - \frac{2\pi\nu}{u}x\right) = \sin\left(\omega t - \frac{2\pi}{\lambda}x\right) \quad (2.12)$$

となる．ただし，ここでの $x$ は以前に出てきた $x=\cos\theta$ の $x$ とは異なるので注意しなければならない．波を表すのに波数 $k$ を変数として用いる場合もある．これは

$$k = \frac{2\pi}{\lambda} \quad (2.13)$$

という式で定義される．両辺に $x$ を乗じると

$$kx = \frac{2\pi}{\lambda}x \quad (2.14)$$

であるから，$x=\lambda$ のとき，すなわち波が $x$ 方向に 1 波長 ($\lambda$) だけ進んだとき $kx=\pi$ となるように定義している．これらの変数を用いて，進行波の式を書き換えると

$$y = \sin(\omega t - kx) \quad (2.15)$$

となる．ただし，この表現は $x$ の正の向きへ進行する波を表すには若干都合が悪い．なぜなら変数 $x$ の前に負号がついているからである．そこで $\omega t \leftrightarrow kx$ を入れ替えた

$$y = \sin(kx - \omega t) \quad (2.16)$$

を用いることも多い．特に，電気工学系では前者を用いるが，物理系では後者が多い．上記の議論においては式 (2.10) の $y=\sin[\omega(t-dt)]$ から始めたが，位置変数を使って

$$y = \sin\left[\frac{2\pi}{\lambda}(x - dx)\right] \tag{2.17}$$

から始めても同じ結果を得る．物理では，進行波をいきなり

$$y = \sin\left[2\pi\left(ut - \frac{x}{\lambda}\right)\right] \tag{2.18}$$

と表す場合があるから，とまどうかもしれない．

　これらの式は，時間経過とともに右方向に進む進行波を表すことは上記プログラムの実行例からもわかるであろう．繰り返すが，関数の移動「$y=x$ のグラフを右($x$ 軸正の向き)へ2だけ移動させなさい」→答：$y=x-2$　という関数の移動の問題と原理は何も変わらない．2という数字を時間的に変えるだけのことである．練習として $k, \omega$ を種々の値に変えて波形の変化をみてみる．簡単化のために $k=1$，$\omega=1$(プログラムでは $\omega \to$ w と標記している)とする．プログラムを実行すると，画面上で波が右向きに進んでいく様子がわかる．パラメータ $k, \omega$ の値をいろいろ変えて試してみるとよい．

```
LET Pai=3.14159565
LET k=1
LET w=1
FOR t=0 TO 10 STEP 0.05
    CLEAR
    SET WINDOW -2,10,-2,2
    DRAW grid (1,0.5)
    FOR x=0 TO 4*Pai STEP 0.01
        LET y=SIN(k*x-w*t)
        PLOT x,y
    NEXT x
NEXT t
END
```

　ここまで，波の基本的な性質を眺めてきたが，特に1次元の平面波の数理

$$e^{i(kx-\omega t)} = \cos(kx-\omega t) + i\sin(kx-\omega t) \tag{2.19}$$

を理解するには不十分である．むろん，水波などの古典的な波は本質的に複素

数である必要はないが，本書で扱うコヒーレントな電子波・光波の世界は複素数で扱わなければならない．ただし古典的波の場合でも，複素数を用いると計算が極めて容易になることは後に理解できると思う．次節以下では Euler の式を導出し，コヒーレント波の世界の扉を開ける．

## 2.2　Euler の無理数と Euler の式

　Euler（オイラー）の式の学習意義は，「Euler の式は人類の至宝である」というノーベル物理学賞受賞者 R. P. Feynman（ファインマン）の言葉に集約されている．

　はじめに Euler の無理数を指数関数の微分から導いてみよう．指数関数

$$y = a^x \quad (a > 0,\ a \neq 1) \tag{2.20}$$

を微分の定義に戻って微分すると

$$\frac{dy}{dx} = \lim_{dx \to 0} \frac{a^{x+dx} - a^x}{dx} = \lim_{dx \to 0} a^x \frac{a^{dx} - 1}{dx} = a^x \lim_{dx \to 0} \frac{a^{dx} - 1}{dx} \tag{2.21}$$

となる．しかし，これでは $\lim_{dx \to 0}$ の項があるため扱いが難しい．もし

$$\lim_{dx \to 0} \frac{a^{dx} - 1}{dx} = 1 \tag{2.22}$$

となれば極めて都合がよい．この式を満たす $a$ の値を計算すると

$$a = \lim_{dx \to 0} (1 + dx)^{\frac{1}{dx}} = \lim_{h \to 0} (1 + h)^{\frac{1}{h}} \quad （ここで $h = dx$） \tag{2.23}$$

$$a \to 2.718281828459045235360287471352662497757247093\cdots\cdots \tag{2.24}$$

という無理数になる．この無理数を Euler に敬意を表し，"$e$" という記号を使うことになっている．このとき

$$y = e^x \quad \text{すなわち} \quad y = \log_e x \equiv \log x \equiv \ln x \tag{2.25}$$

の微分は

$$\frac{de^x}{dx} = e^x, \quad \frac{d \log y}{dx} = \frac{1}{x} \tag{2.26}$$

という極めて簡単な式になり，科学の分野で強大な威力をもつことになる．極論すれば，$e$ の世界を極めれば，十分な力をもって大学の理工系学部を卒業で

きるといえるだろう．また，多くの実数の中の1つの数にすぎない2.71828…という数値が，どんな役に立つのかという疑問に対する答えの1つは，波と関係した下記のEulerの式

$$e^{ix} = \cos x + i \sin x \tag{2.27}$$

が成立することにある．なぜなら多くの自然現象は波として扱うことができ，式(2.27)を用いることになるからである．次節ではEulerの式の導出法について説明する．この式の導出には，（1）微分方程式を用いる方法，（2）Taylor展開による恒等式を利用する方法の2通りがある．以下にその方法を述べる．

## 2.3 Eulerの式の導出法

### 2.3.1 微分方程式を用いる方法

学習の前提条件として，$\sin x$，$\cos x$，$e^x$ の微分，および1階常微分方程式は修得済みの場合の学習法について述べる．

図2.4のように複素平面上で半径1の円を描いたとき，周上の1点の座標は，$(\cos\theta, i\sin\theta)$ で表される．この点を複素関数を用いて

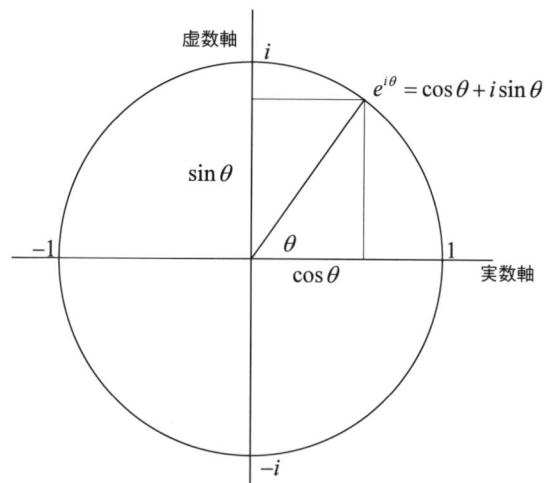

図2.4 複素平面上の単位円

## 2.3 Euler の式の導出法

$$z(\theta) = \cos\theta + i\sin\theta \tag{2.28}$$

と表すと，$z(\theta)$ を微分して

$$\begin{aligned}\frac{dz(\theta)}{d\theta} &= \frac{d}{d\theta}\left[\cos\theta + i\sin\theta\right] \\ &= -\sin\theta + i\cos\theta = i(\cos\theta + i\sin\theta) \\ &= iz(\theta)\end{aligned} \tag{2.29}$$

が成り立つ．この微分方程式の解は

$$\frac{1}{z(\theta)}dz(\theta) = id\theta \quad \rightarrow \quad \int\frac{1}{z(\theta)}dz(\theta) = i\int d\theta$$

$$\therefore \quad z(\theta) \equiv A \cdot e^{i\theta}$$

で与えられる．$z(\theta=0) = \cos 0 + i\sin 0 = 1$ であるから，積分定数は $A=1$ となり，次の Euler の式が得られる．

$$\boxed{e^{i\theta} = \cos\theta + i\sin\theta} \tag{2.30}$$

## 2.3.2　Taylor 展開による証明方法

　学習の前提条件として，微分方程式は未修得であるが，$\sin x$，$\cos x$，$e^x$ の微分および Taylor(テイラー)展開は修得済の場合の学習法について述べる．

　関数 $e^x$，$\cos x$，$\sin x$ の多項式近似(**Taylor 級数展開**)を考えてみる．

$$e^{ix} = a_0 + a_1 x + a_2 x^2 + \cdots + a_n x^n + \cdots = \sum_{n=0}^{\infty}\frac{1}{n!}\left.\frac{d^n e^{ix}}{dx^n}\right|_{x=0} x^n \tag{2.31}$$

$\left.\dfrac{d^n e^{ix}}{dx^n}\right|_{x=0} = (i)^n e^{i0} = (i)^n$ であるから

$$e^{ix} = 1 + i\frac{1}{1!}x - \frac{1}{2!}x^2 - i\frac{1}{3!}x^3 + \frac{1}{4!}x^4 + i\frac{1}{5!}x^5 - \frac{1}{6!}x^6\cdots \tag{2.32}$$

同様にして

$$\begin{aligned}\cos x &= 1 + \sin(0)x - \frac{1}{2!}\cos(0)x^2 - \frac{1}{3!}\sin(0)x^3 + \frac{1}{4!}\cos(0)x^4 \\ &\quad - \frac{1}{5!}\sin(0)x^5 + \cdots \\ &= 1 - \frac{1}{2!}x^2 + \frac{1}{4!}x^4 + \cdots \end{aligned} \tag{2.33}$$

$$\sin x = 0 + \cos(0)x - \frac{1}{2!}\sin(0)x^2 - \frac{1}{3!}\cos(0)x^3 + \frac{1}{4!}\sin(0)x^4$$

$$- \frac{1}{5!}\cos(0)x^5 + \cdots$$

$$= x - \frac{1}{3!}x^3 + \frac{1}{5!}x^5 + \cdots \tag{2.34}$$

式(2.32)，式(2.33)および式(2.34)の比較より，次の恒等式(Eulerの式)が成立する．

$$e^{i\theta} = \cos\theta + i\sin\theta \tag{2.35}$$

さらに，前述したように自然科学の重要な基礎定数である $e, \pi$ と虚数単位 $i$ とが

$$e^{i\pi} = -1 \tag{2.36}$$

のように美しく調和した式が得られる．

## 2.4　Fourier 級数展開と Fourier 変換

この節では，Euler の世界を拡張して Fourier(フーリエ)の世界について述べる．Fourier の世界に入る前に悩む読者もいると思う．なぜ，この世界に船出しなくてはならないのか．いったい，どのような魅力(価値)があるのか．これを明確にしないまま学習していっても，面白味をもてないはずである．

我々は実験したとき，当然，数値データをとり，グラフを書き，それを基に議論する．このデータを数式で取り扱うためにはどうしたらよいだろうか．次節ではこれについて述べる．

### 2.4.1　(数)ベクトルと関数ベクトル

$N$ 次元(数)ベクトル，すなわち順序づけられた $N$ 個の数値の組で表される量について述べる．多くの分野では列ベクトルで定義されるので，本章でもこれを用いることにする．図2.5の測定データを順序付けて並べたものを $f(t)$ と書くことにする．

## 2.4 Fourier 級数展開と Fourier 変換

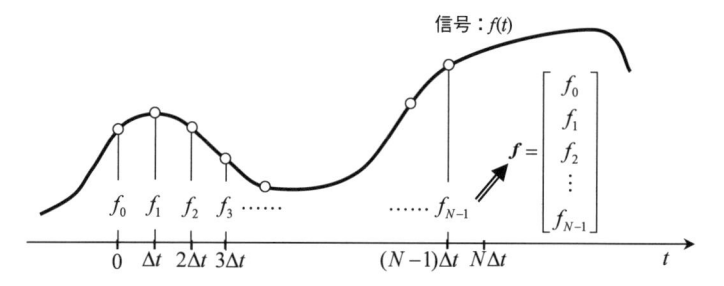

図 2.5 関数 $f(t)$ をサンプリングして得られる順序付けられた数値の組，$N$ 次元(数)ベクトル

$$f = \begin{bmatrix} f_0 \\ f_1 \\ \vdots \\ f_{N-1} \end{bmatrix} \tag{2.37}$$

たとえば，3次元位置ベクトル $r$ は大きさ(絶対値)が1で，互いに直交する**単位ベクトル**(unit vector)

$$e_x = \begin{bmatrix} 1 \\ 0 \\ 0 \end{bmatrix} \quad e_y = \begin{bmatrix} 0 \\ 1 \\ 0 \end{bmatrix} \quad e_z = \begin{bmatrix} 0 \\ 0 \\ 1 \end{bmatrix} \tag{2.38}$$

を用いて次のように表すことができる．

$$r \equiv \begin{bmatrix} x \\ y \\ z \end{bmatrix} \longleftrightarrow r = x \cdot e_x + y \cdot e_y + z \cdot e_z \tag{2.39}$$

各成分の求め方はベクトルの〈内積〉をとればよい．たとえば，$e_x$ 方向の成分は

$$\langle r, e_x \rangle \equiv r^T e_x = [x \ y \ z] \begin{bmatrix} 1 \\ 0 \\ 0 \end{bmatrix} = x \cdot 1 + y \cdot 0 + z \cdot 0 = x \tag{2.40}$$

となる．ここで $T$ は転置ベクトルである．また正規直交基底ベクトルの関係は

$$\langle \boldsymbol{e}_x, \boldsymbol{e}_x \rangle = \boldsymbol{e}_x^T \boldsymbol{e}_x = [1\ 0\ 0]\begin{bmatrix} 1 \\ 0 \\ 0 \end{bmatrix} = 1\times1+0\times0+0\times0 = 1$$

$$\langle \boldsymbol{e}_x, \boldsymbol{e}_y \rangle = \boldsymbol{e}_x^T \boldsymbol{e}_y = [1\ 0\ 0]\begin{bmatrix} 0 \\ 1 \\ 0 \end{bmatrix} = 1\times0+0\times1+0\times0 = 0$$

(2.41)

と表すことができる.

連続的な信号 $f(t)$ を時間刻み $\Delta t$ で測定するということは,「次の離散的数値データ(関数ベクトル)を得ること」と考えるわけである.

$$\boldsymbol{f} \equiv \begin{bmatrix} f_0 \\ f_1 \\ \vdots \\ f_{N-1} \end{bmatrix} \quad \text{or} \quad \boldsymbol{f}^T = [f_0\ f_1\ \cdots\ f_{N-1}] \tag{2.42}$$

ここで,$f_n \equiv f(t_n)$;$t_n \equiv n\Delta t$, $n=0, 1, 2, \cdots, N-1$ である.

もし,$N$ 次元の正規直交基底の組み $[\boldsymbol{e}_0, \boldsymbol{e}_1, \boldsymbol{e}_2, \boldsymbol{e}_3, \cdots, \boldsymbol{e}_{N-1}]$ が見つかれば,位置ベクトルの概念の拡張として次の関数ベクトルの表示が可能となる.

$$\boldsymbol{f} = f_0\boldsymbol{e}_0 + f_1\boldsymbol{e}_1 + f_2\boldsymbol{e}_2 + f_3\boldsymbol{e}_3 + \cdots + f_{N-1}\boldsymbol{e}_{N-1} \equiv \sum_{k=0}^{N-1} f_k \boldsymbol{e}_k \tag{2.43}$$

ここで,$N\to\infty$ の極限では $\boldsymbol{f}\to f(t)$ である.

続いて,直交基底ベクトルによる展開を拡張して,次の正規直交関数系による関数の表示を考えてみよう.

$$\cdots \phi_{-2}(t), \phi_{-1}(t), \phi_0(t), \phi_1(t), \phi_2(t) \cdots \tag{2.44}$$

正規直交関数系とは大きさ1で,互いに直交する関数列のことであり,関数の内積は

$$\langle \phi_m(t), \phi_n(t) \rangle \equiv \frac{1}{b-a} \int_a^b \phi_m(t) \cdot \phi_n(t)^* dt \equiv \begin{cases} 1 \cdots m=n \\ 0 \cdots m\neq n \end{cases} \tag{2.45}$$

で定義される.

測定した $f(t)$ のデータ数列も無限個あると仮定すると

## 2.4 Fourier 級数展開と Fourier 変換

$$f(t) = \sum_{n=-\infty}^{\infty} f_n \cdot \phi_n(t) \tag{2.46}$$

と書ける．各直交関数の成分をもとめるには，位置ベクトルと同様に内積をとればよい．

$$f_n = \langle f(t), \phi_n(t) \rangle = \frac{1}{b-a} \int_a^b f(t) \cdot \phi_n(t)^* dt \tag{2.47}$$

位置ベクトルの直交座標軸の1つの単位ベクトルとの内積は，位置ベクトルのその軸への投影成分であるから，式(2.47)は $f_n$ が $f(t)$ の $\phi_n(t)$ 成分である．

### 2.4.2 複素 Fourier 級数展開

複素 Fourier 級数展開の式を理解するための形式論として，次の表2.1の2つの例を対比させておくと，3次元位置ベクトルと $n$ 次元数ベクトルの関係がわかりやすくなる．

表2.1 3次元位置ベクトルと $n$ 次元数ベクトルの対比

| | |
|---|---|
| 位置ベクトル：$\boldsymbol{r} = \begin{bmatrix} x \\ y \\ z \end{bmatrix}$ | 関数ベクトル：$f(t) \approx \boldsymbol{f} \equiv \begin{bmatrix} \vdots \\ f_{-1} \\ f_0 \\ f_1 \\ \vdots \end{bmatrix}$ |
| 正規直交基：$\boldsymbol{e}_y = \begin{bmatrix} 0 \\ 1 \\ 0 \end{bmatrix}$ <br> （例：$y$ 軸方向） | 正規直交関数系：$e^{int} = \begin{bmatrix} \vdots \\ 0 \\ e^{int} \\ 0 \\ \vdots \end{bmatrix}$ |
| 内積の例：$y = \langle \boldsymbol{r}, \boldsymbol{e}_y \rangle \equiv [x \ y \ z] \begin{bmatrix} 0 \\ 1 \\ 0 \end{bmatrix} = y$ | 内積：$C_n = \langle f(t), e^{int} \rangle$ |

さて $\{e^{int}; n = 0, \pm 1, \pm 2, \cdots\}$ が $t : [-\pi, \pi]$（$n$：整数）で正規直交関数系であることを証明する．$e^{imt}$ と $e^{int}$ の内積（複素関数ベクトルの内積：エルミート内積）をとると

$$\langle e^{imt}, e^{int}\rangle = \frac{1}{2\pi}\int_{-\pi}^{\pi} e^{imt}\cdot e^{-int}dt = \frac{1}{2\pi}\int_{-\pi}^{\pi} e^{i(m-n)t}dt \tag{2.48}$$

これより

$m=n$ のとき

$$\frac{1}{2\pi}\int_{-\pi}^{\pi} e^{i(m-n)t}dt = \frac{1}{2\pi}\int_{-\pi}^{\pi} 1 dt = 1 \tag{2.49}$$

$m \neq n$ のとき

$$\frac{1}{2\pi}\int_{-\pi}^{\pi} e^{i(m-n)t}dt = \frac{1}{2\pi}\cdot\frac{1}{i(n-m)}e^{i(m-n)t}\Big|_{-\pi}^{\pi}$$
$$= \frac{1}{(n-m)\pi}\cdot\frac{e^{i(m-n)\pi}-e^{-i(m-n)\pi}}{2i} = \frac{1}{(m-n)\pi}\sin[(m-n)\pi] = 0 \tag{2.50}$$

$m, n$ は整数であるから

$$\langle e^{imt}, e^{int}\rangle = \begin{cases} m=n\cdots 1 \\ m\neq n\cdots 0 \end{cases} \equiv \delta_{m,n} \tag{2.51}$$

となる．$\delta_{m,n}$ はクロネッカーのデルタと呼ばれる記号である．さらに，変数域を拡張した

$$\{e^{in\frac{2\pi}{T}\tau}; n=0, \pm 1, \pm 2, \cdots\}$$
$$\text{ここで } \tau \equiv \frac{T}{2\pi}t \text{ が } t:[-\pi, \pi], \tau:\left[-\frac{T}{2}, \frac{T}{2}\right] \tag{2.52}$$

の一般形でも正規直交関数系をなすことが容易に証明できる．

したがって，関数 $f(t)$ は上の正規直交関数系で表示可能であり

$$f(t) = \sum_{n=-\infty}^{\infty} C_n e^{in\frac{2\pi}{T}t} \equiv \sum_{n=-\infty}^{\infty} C_n e^{in2\pi\nu_0 t}$$

となる．ここで

$$\nu_0 \equiv \frac{1}{T},$$

$$C_n \equiv \langle f(t), e^{in2\pi\nu_0 t}\rangle = \frac{1}{T}\int_{-T/2}^{T/2} f(t)\cdot e^{-in2\pi\nu_0 t}dt \tag{2.53}$$

である．これを**複素 Fourier 級数展開**という．

## 2.4 Fourier 級数展開と Fourier 変換

**補　足：**

(**1**)　$f(t)$ はいろいろな周波数をもつ関数：$e^{in\frac{2\pi}{T}t} = \cos\left(n\frac{2\pi}{T}t\right)$ $+ i\sin\left(n\frac{2\pi}{T}t\right)$ の**重ね合わせ**(superposition)である．

(**2**)　$e^{2\pi i(\nu t - kx)}$ で展開すれば，**平面波**(plane wave)の重ね合わせの式となる．この場合，基本的な波の重ね合わせの方法には $\sum_{i=1}\nu_i$，$\sum_{i=1}k_i$ の 2 通りある．$\sum_{i=1}k_i$ については第 3 章にて詳述する．

(**3**)　区間 $t:[-\pi,\pi]$ を $N$ 等分したものを $dt \equiv \dfrac{2\pi}{N}$ とおくと，$m = 0, 1, 2,$ $\cdots, N-1$ として

$$t \to m \cdot dt, \quad \int_{-\pi}^{\pi} \to \sum_{m=0}^{N-1}, \quad f(t) \to f(m \cdot dt) \equiv f_m \text{ であるから}$$

$$C_n \equiv \langle f(t), e^{int} \rangle = \frac{1}{2\pi}\int_{-\pi}^{\pi} f(t) \cdot e^{-int} dt = \frac{1}{2\pi}\sum_{m=0}^{N-1} f_m \cdot e^{-in\frac{2\pi}{N}m}\frac{2\pi}{N}$$

$$= \frac{1}{N}\sum_{m=0}^{N-1} f_m \cdot e^{-in\frac{2\pi}{N}m} \tag{2.54}$$

となる．これが**離散 Fourier 展開**(DFT)である．**離散 Fourier 逆展開**(IDFT) は次のようになる．

$$f(t) = \sum_{n=-\infty}^{\infty} C_n e^{int} \longrightarrow f_m \equiv \sum_{n=0}^{N-1} C_m e^{in\frac{2\pi}{N}m} \tag{2.55}$$

### 2.4.3　複素 Fourier 級数から Fourier 変換へ

複素 Fourier 級数展開では，定義域が下記のように決まっている．

$$t:[-\pi,\pi] \quad \text{or} \quad \tau:\left[-\frac{T}{2}, \frac{T}{2}\right]$$

また，$e^{int}, e^{i2\pi n\nu_0 t}$ は複素平面上で半径が 1 の円を示し，同じ軌道を繰り返す周期関数である．これは一般化する際に好ましくない．この制限をはずすためには，$\tau:\left[-\dfrac{T}{2}, \dfrac{T}{2}\right]$ において $T \to \infty$ にすれば：$\tau:[-\infty,\infty]$ となり，制限がなくなる．このように考えれば，たとえばデルタ関数のようなものも周期が

無限大の周期関数とみなせるので統一的に扱えるようになる．

具体的には，たとえば $T$ を基本波の周期とすると基本振動数は $1/T \equiv \nu_0$ であり，第 $n$ 高調波の周波数は $\frac{n}{T} \equiv n\cdot\nu_0 \equiv \nu_n$ となる．複素 Fourier 級数展開の式は式 (2.51) より

$$f(t) = \sum_{n=-\infty}^{\infty} C_n e^{in\frac{2\pi}{T}t} \equiv \sum_{n=-\infty}^{\infty} C_n e^{i2\pi n\nu_0 t}$$

ここで

$$\nu_0 \equiv \frac{1}{T}$$

$$C_n \equiv \langle f(t), e^{i2\pi n\nu_0 t}\rangle = \frac{1}{T}\int_{-T/2}^{T/2} f(t)\cdot e^{-i2\pi n\nu_0 t} dt$$

である．これを上述の議論に従い書き換えれば

$$f(t) = \sum_{n=-\infty}^{\infty} \left[\lim_{T\to\infty}\frac{1}{T}\int_{-T/2}^{T/2} f(t)\cdot e^{-i2\pi\nu_n t} dt\right] e^{i2\pi\nu_n t} \tag{2.56}$$

となり，$T\to\infty$ の極限では $\nu_0 \equiv \frac{1}{T}$ は極微小量となるので，$\nu_0 \to d\nu$ と書ける．また，離散量であった $\nu_n$ も連続量とみなせるので $\nu_n \to \nu$ とすれば

$$\begin{aligned}f(t) &= \sum_{n=-\infty}^{\infty} d\nu \left[\int_{-\infty}^{\infty} f(t)\cdot e^{-i2\pi\nu t} dt\right] \cdot e^{i2\pi\nu t} \\ &\equiv \int_{-\infty}^{\infty} F(\nu)\cdot e^{i2\pi\nu t} d\nu\end{aligned} \tag{2.57}$$

となる．ここで

$$F(\nu) \equiv \int_{-\infty}^{\infty} f(t)\cdot e^{-i2\pi\nu t} dt$$

である．以上をまとめると次のようになる．

Fourier 変換： $\quad F(\nu) \equiv \int_{-\infty}^{\infty} f(t)\cdot e^{-i2\pi\nu t} dt \tag{2.58}$

Fourier 逆変換：$f(t) = \int_{-\infty}^{\infty} F(\nu)\cdot e^{i2\pi\nu t} d\nu \tag{2.59}$

## 2.5 ディジタルフィルタ回路(Fourier 変換の例)

ここでは,時間変数の干渉の例として,シフトレジスタ(shift resister)を用いた**非巡回型ディジタルフィルタ**(digital filter):1段遅延の場合(遅延時間＝$dt$)について述べる.

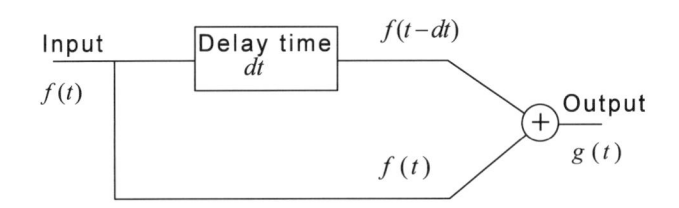

**図 2.6** 1つのシフトレジスタによる非巡回型ディジタルフィルタ

図 2.6 の回路で,上側の経路はシフトレジスタで微小時間 $dt$ だけ遅延(delay)される.出力側の ⊕ は重ね合わせの記号である.このとき,出力 $g(t)$ は

$$g(t) = f(t)+f(t-dt) \tag{2.60}$$

である.$g(t), f(t)$ の Fourier 変換をそれぞれ $G(\omega), F(\omega)$ としよう.ここで $\omega=2\pi\nu$ である.(2.60)で $\tau\equiv t-dt$ とすれば

$$\int_{-\infty}^{\infty}f(t-dt)e^{-i\omega t}dt = \int_{-\infty+dt}^{\infty+dt}f(\tau)e^{-i\omega(\tau+dt)}d\tau = e^{-i\omega dt}\int_{-\infty}^{\infty}f(\tau)e^{-i\omega\tau}d\tau$$
$$= e^{-i\omega dt}F(\omega) \tag{2.61}$$

となるから

$$G(\omega) = F(\omega)+e^{-i\omega dt}F(\omega) = (1+e^{-i\omega dt})F(\omega) = \sum_{n=0}^{1}e^{-i\omega dt\cdot n}F(\omega) \tag{2.62}$$

となる.ここで

$$G(\omega)\equiv H(\omega)F(\omega)$$

と書き,$H(\omega)$ を**システム関数**という.システム関数を変形すると

$$H(\omega) = \sum_{n=0}^{1} e^{-i\omega dt \cdot n} = 1 + e^{-i\omega dt} = 2\frac{e^{i\omega dt/2} + e^{-i\omega dt/2}}{2}e^{-i\omega dt/2}$$

$$= 2\cos\left(\omega\frac{dt}{2}\right)e^{-i\omega dt/2} \tag{2.63}$$

となる.したがって,その絶対値(振幅)は

$$|H(\omega)| = 2\left|\cos\left(\omega\frac{dt}{2}\right)\right| \tag{2.64}$$

となる.システム関数は入力がインパルスの場合,出力 ($G(\omega)$) そのものとなるので,システムのインパルス応答を調べるために有用な関数である.

$|H(\omega)|-\omega$ 特性を図2.7に示す.後述する2つの微細径による光の干渉パターンと類似の特性をもっている.微小スリットを用いた光波の干渉実験では空間的な干渉を扱ったが,図2.7は時間的な干渉でも同様の数式で議論できることを示している.

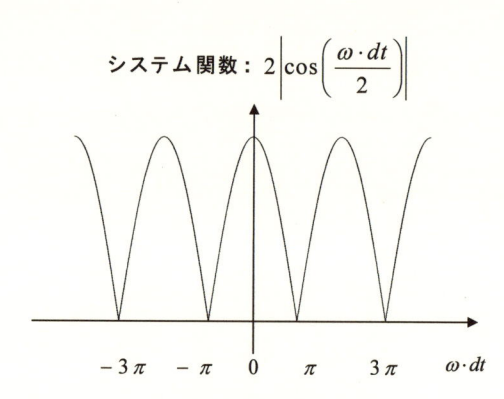

**図2.7** シフトレジスタ1個の場合の非巡回型ディジタルフィルタのシステム関数の絶対値の周波数特性

続いて $N$-1段遅延の非巡回型ディジタルフィルタの場合(図2.8)についても述べる.

遅延回路1個の場合と同様に,回路出力 $g(t)$ は

$$g(t) = f(t) + f(t-dt) + \cdots + f(t-kdt) + \cdots + f(t-(N-1)dt)$$

$$= \sum_{n=0}^{N-1} f(t-ndt) \tag{2.65}$$

## 2.5 ディジタルフィルタ回路(Fourier 変換の例)

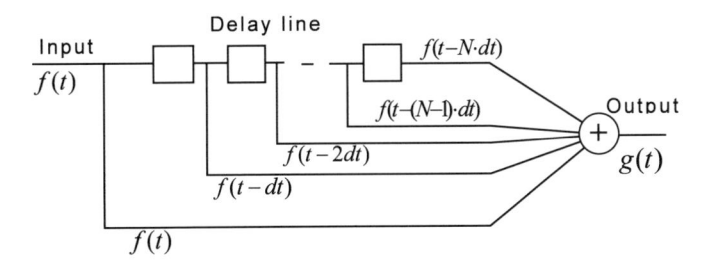

**図 2.8** シフトレジスタ $N$ 個の非巡回型ディジタルフィルタ

と表される．1段遅延回路の場合と同様に Fourier 変換すると

$$G(\omega) = \left(\sum_{n=0}^{N-1} e^{i\omega n dt}\right) F(\omega) \tag{2.66}$$

したがって，システム関数 $H(\omega)$ は

$$H(\omega) = \sum_{n=0}^{N-1} e^{i\omega n dt} \tag{2.67}$$

である．ここで等比級数の和を $S$ とすると

$$S = 1 + e^{-i\omega dt} + e^{-i\omega 2dt} + \cdots + e^{-i\omega(N-1)dt}$$

$$\underline{-)\quad e^{-i\omega dt}S = \quad e^{-i\omega dt} + e^{-i\omega 2dt} + \cdots + e^{-i\omega(N-1)dt} + e^{-i\omega N dt}}$$

$$(1 - e^{-i\omega dt})S = 1 - e^{-i\omega N dt}$$

$$\therefore \quad S = \frac{1 - e^{-i\omega N dt}}{1 - e^{-i\omega dt}} \tag{2.68}$$

であるから，システム関数を変形すると

$$H(\omega) = \frac{1 - e^{-i\omega N dt}}{1 - e^{-i\omega dt}} = \frac{e^{-i\omega N \frac{dt}{2}}\left(e^{i\omega N \frac{dt}{2}} - e^{-i\omega N \frac{dt}{2}}\right)}{e^{-i\omega \frac{dt}{2}}\left(e^{i\omega \frac{dt}{2}} - e^{-i\omega \frac{dt}{2}}\right)}$$

$$= \frac{e^{-i\omega N \frac{dt}{2}}}{e^{-i\omega \frac{dt}{2}}} \cdot \frac{\sin\left(N\omega \frac{dt}{2}\right)}{\sin\left(\omega \frac{dt}{2}\right)} = \frac{\sin\left(N\omega \frac{dt}{2}\right)}{\sin\left(\omega \frac{dt}{2}\right)} e^{-i\omega \frac{dt}{2}} \tag{2.69}$$

となる．したがって，その絶対値は

$$|H(\omega)| = \left| \frac{\sin\left(N\omega\frac{dt}{2}\right)}{\sin\left(\omega\frac{dt}{2}\right)} \right| \tag{2.70}$$

となり，後に述べる多重スリットによる光の干渉と同じパターンを示すことがわかる(図2.9)．

以上のように，ディジタルフィルタでは時間関数の干渉を扱うが，後述する光や電子波の干渉では空間変数をもつ関数の干渉を扱う．これらは変数が時間か空間かの違いだけであって，その数学的取り扱い方は同じである．

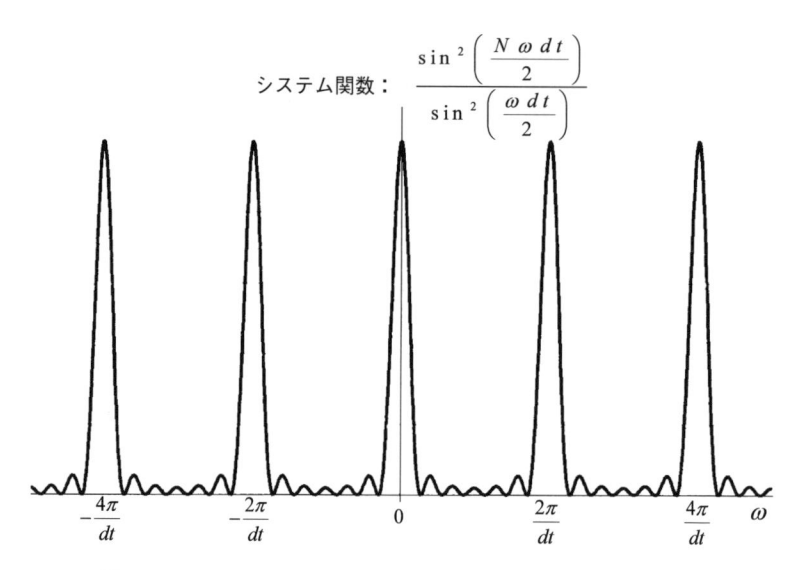

システム関数： $\dfrac{\sin^2\left(\dfrac{N\omega dt}{2}\right)}{\sin^2\left(\dfrac{\omega dt}{2}\right)}$

図2.9 $N=7$ 段の非巡回型ディジタルフィルタの周波数特性

# 3

# 波と回折現象

## 3.1 平面波と球面波

　波動現象を記述する場合に用いる基本的波の形である平面波と球面波について述べる．複素数で表現された波がどのようにして実際の波に結びつくのか，その波はどちらの方向へ進行しているのか，これらの曖昧さを厳密にすることから始める．

　$x$ 軸正の向きに進行する平面波の数学的表現は次式で与えられる．

$$A \cdot e^{2\pi i(-kx+\nu t)} \quad \text{または} \quad A \cdot e^{2\pi i(+kx-\nu t)} \tag{3.1}$$

ここで，$A$ は考えている物理量あるいは信号等の振幅，$x$ は $x$ 軸上の空間座標，$t$ は時刻，$k$ は波数（$k=1/\lambda>0$；$\lambda$ は波長（空間的振動周期））， $\nu$ は振動数（$\nu=1/T>0$；$T$ は時間的振動周期）である．そして，式(3.1)の $2\pi(\mp kx \pm \nu t)$（複合同順）の部分は**位相**と呼ばれる．一方，$x$ 軸負の向きに進行する平面波は $A \cdot e^{2\pi i(\mp kx \pm \nu t)}$（複号同順）で表現される．

　**振動数**が単位時間当たりに振動する回数であることはよく知られている．これは単位時間当たりに周期 $T$ が何回含まれるかということを意味している．単位時間を1秒とすれば振動数の単位は 1/s＝Hz である．図3.1の場合，$\nu=1/T=9$ Hz である．

　一方，**波数**とは単位長さ当たりに含まれる波長の数を表現する量である．たとえば，単位長さを1 [m] とすれば，波数の単位は [1/m] である*．図3.2の場合は $k=1/\lambda=6$ [m$^{-1}$] となる．したがって，位相の次元は $[\mp kx \pm \nu t]=$

---

* 本書96頁にあるように，慣例として $k=2\pi/\lambda$ と定義して用いる分野もあるので読者は注意すること．

第3章 波と回折現象

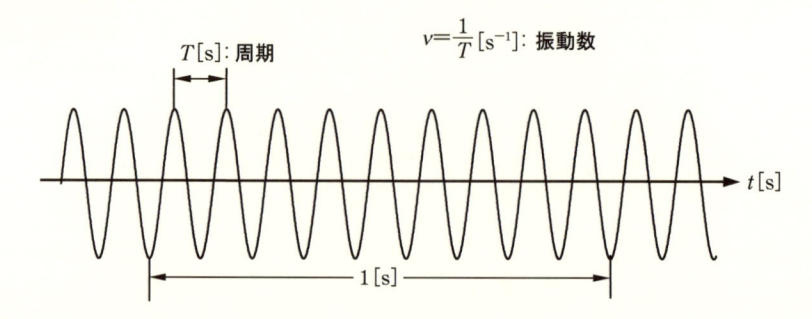

$T[\text{s}]$：周期

$\nu = \dfrac{1}{T}\,[\text{s}^{-1}]$：振動数

$1[\text{s}]$

$t[\text{s}]$

**図 3.1** 周期と振動数の関係

$\lambda[\text{m}]$：波長

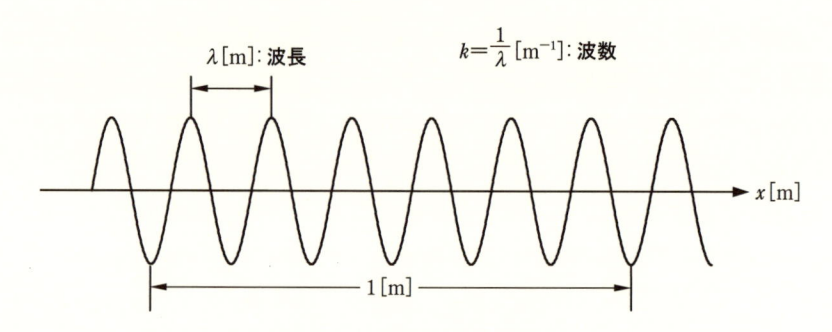

$k = \dfrac{1}{\lambda}\,[\text{m}^{-1}]$：波数

$1[\text{m}]$

$x[\text{m}]$

**図 3.2** 波長と波数の関係

$\mp[1/\text{長さ}] \times [\text{長さ}] \pm [1/\text{時間}] \times [\text{時間}]$ となり無次元である．このことは深遠な意味をもっている．すなわち時間・空間の世界に対して，振動数・波数といった逆数の空間の存在を意味している．このことは式(2.31)から明らかなように，自然対数の底の肩に乗る数，すなわち位相は無次元でなければならないという事実に由来している．

　上記記述は空間が $x$ 軸のみの1次元の説明である．3次元の場合は，空間は $O\text{-}x, y, z$ 直交座標系で，成分が $X, Y, Z$ の空間ベクトル：$\boldsymbol{r}$ となり，波数は $O\text{-}k_x, k_y, k_z$ 直交座標系で，成分が $K_x, K_y, K_z$ の波数ベクトル：$\boldsymbol{k}$（大きさは $|\boldsymbol{k}| = \sqrt{K_x^2 + K_y^2 + K_z^2} = 1/\lambda\,|\boldsymbol{k}|=1/\lambda$）となる．それぞれの座標系の座標軸の向きは $x/\!/k_x, y/\!/k_y, z/\!/k_z$ であるが，次元は"長さ"と"長さの逆数"となっている．$\boldsymbol{r}$ と $\boldsymbol{k}$ より，位相は $2\pi \boldsymbol{k} \cdot \boldsymbol{r} = 2\pi(XK_x + YK_y + ZK_z)$ となり，この次元は

## 3.1 平面波と球面波

無次元量となっている．時刻 $t$ を固定すると，空間的位相が一定の条件(すなわち $\boldsymbol{k}\cdot\boldsymbol{r}=$ 一定)は $\boldsymbol{k}$ ベクトルに垂直な平面を表す．これが**平面波**と呼ぶ理由である．同じ位相の面を**波面**と呼ぶ．また，波の進む向きは $\boldsymbol{k}$ ベクトルに平行である．

次に 1 次元を例に，式(3.1)がなぜ $x$ 軸正の向きに進行する波なのかを述べる．$2\pi k \equiv k > 0, 2\pi\nu \equiv \omega > 0$ と置き換えて振幅 $=1$ の平面波：$e^{i(-kx+\omega t)}$ を考える．これは複素数であるから図 3.3(a)に示すように複素平面上に表現される．ここで縦軸は虚数軸，横軸が実数軸である．複素数の偏角は実数軸を基準にしていて反時計回りを正，時計回りを負とする．偏角 $-kx+\omega t$ は先に述べた位相に対応している．$e^{i(-kx+\omega t)}$ の時間的位相：$\omega t$ は時間経過とともに反時計方向に回転する．一方，空間的位相：$-kx$ は，$x$ が大きくなれば時計方向に回転する．時間的位相と空間的位相の合成の結果として，$e^{i(-kx+\omega t)}$ で表現される複素数は図 3.3(a)の単位円上の白点で表現される．しかし，これ自身が直感的な波を表現しているわけではない．ここでは，以後 $e^{i(-kx+\omega t)}$ の虚部，すなわち白点の虚数軸への投影成分である虚軸上の黒点 $\mathrm{Im}(e^{i(-kx+\omega t)})=$

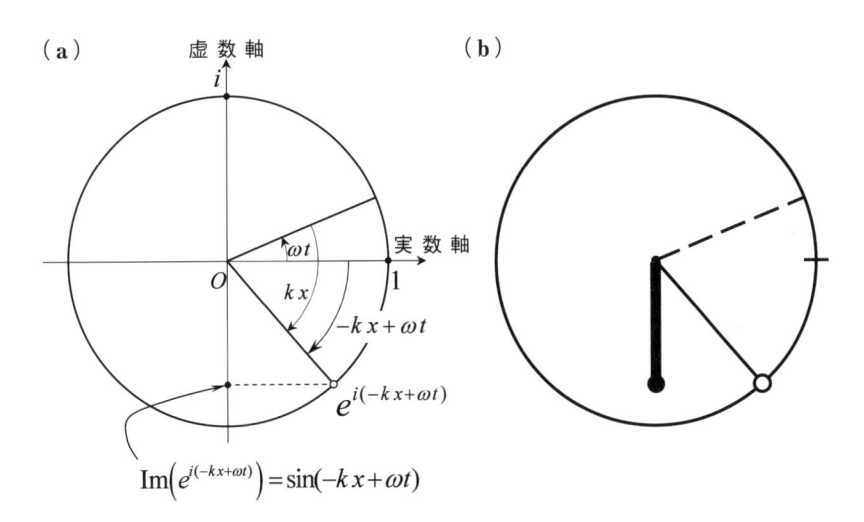

**図3.3** (a)単位円上の複素数 $e^{i(-kx+\omega t)}$ とその虚数軸への投影．(b)(a)の複素数作図を記号表現したもの

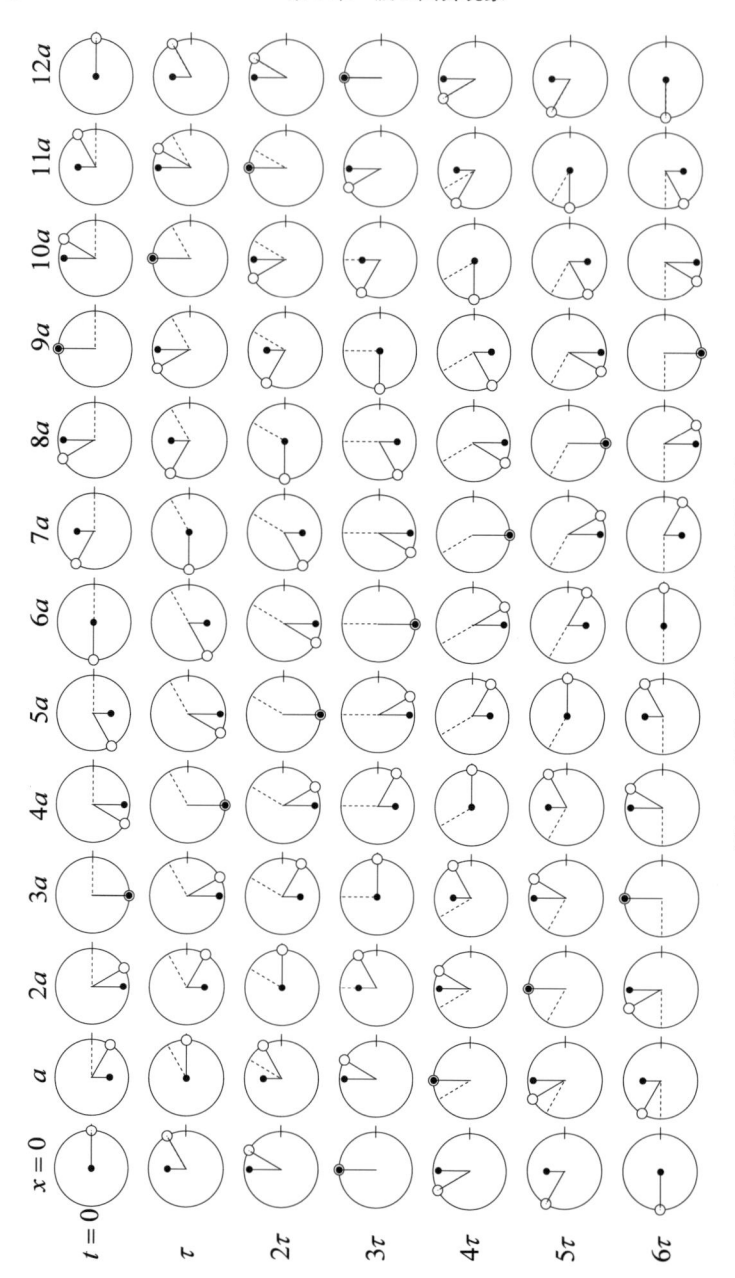

図 3.4 位相の時計の空間的時間的変化

3.1 平面波と球面波

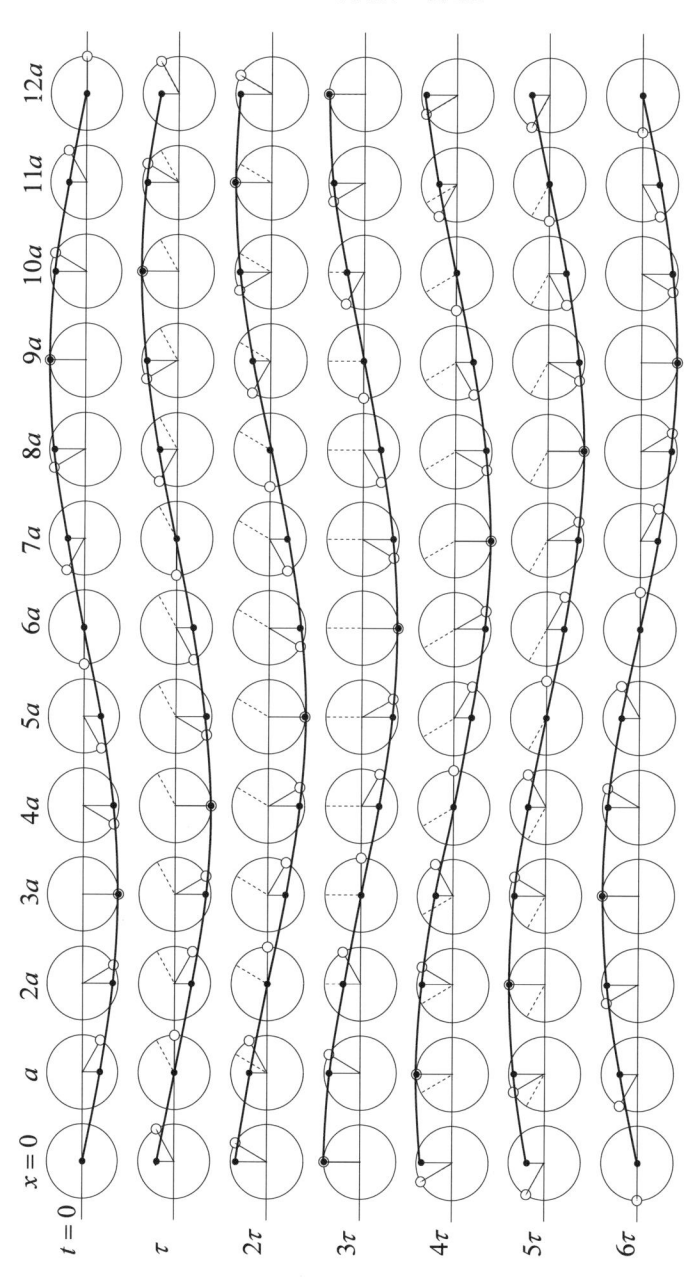

図 3.5 複素数 $e^{i(-kx+\omega t)}$ の虚数成分の空間的変化による波の表現と，波の時間的変化による波の進行の表現

$\sin(-kx+\omega t)$ を抜き出して考える.この虚部を波と結びつけるには位相の時間空間変化を図示してみるとわかりやすい.そのために,図3.3(a)の複素数作図を図3.3(b)のように単純化して表現する.すなわち,単位円を円で表現し,偏角原点(正の実軸)を単位円上の線分で,位相の時間成分 $\omega t$ の偏角を破線で,複素数 $e^{i(-kx+\omega t)}$ の偏角 $-kx+\omega t$ を細い実線で,複素数自身を単位円上の白丸で,そして,その虚軸投影を太線と黒丸で表現する.このような位相の時計を図3.4に示すように空間 $x$,時間 $t$ の平面に並べてみる.$t=0$ と時刻を固定して $x=0, a, 2a, 3a, \cdots$ と変化するときの様子を見ると,時間的位相(破線)は偏角$=0$のままであるが,空間的位相(細い実線)は時計方向に回転している.ここで,空間変化のステップは $ka=30\,[\text{deg}]=\pi/6\,[\text{rad}]$ としている.一方,たとえば $x=3a$ と固定して,$t=0, \tau, 2\tau, 3\tau, \cdots$ と時間を辿っていくと時間的位相(破線)は反時計方向に回転していく.ここで時間変化のステップは,$\omega\tau=30\,[\text{deg}]=\pi/6\,[\text{rad}]$ としている.空間的位相は一定であるから,結果として複素数(白丸)は反時計方向に回転する.これら白丸の虚軸への投影(黒丸)は図面上で上下に振動することになる.黒丸を線で結んでみると,図3.5のようになる.$t=0$ を見ると波長 $=12a$ の波が見える.$t=0$, $x=3a$ のところの振幅は $-1$ であり,これと同じ振幅をもつ位置は $t=\tau$ では $x=4a$ へ移動し,$t=2\tau$ では $x=5a$,$t=3\tau$ では $x=6a$,……と次々に時間の経過とともに $x$ が正の方向に移動する.つまり,このような意味において,$e^{i(-kx+\omega t)}$ は $x>0$ の向きへ進行する波を表現する.

　別な言い方をしてみよう.位相 $-kx+\omega t$ においてある時刻 $t$,ある場所 $x$ で位相が $-kx+\omega t=\phi$ であったときに,その位相 $\phi$ を保っている時刻と場所を考える.時間が経過すれば $\omega t$ は正に大きくなる.したがって,$-kx$ が負に大きくならなければ $\phi$ を一定に保てない.$k>0$ であるから $x$ は正に大きくなる.すなわち,波は $x$ 軸の正の向きに進む.同様の考え方は式(3.1)の $A\cdot e^{2\pi i(+kx-\nu t)}$ に対しても適応できる.

　上記平面波に加えて,もう1つ大切な**球面波**について述べる.球面波は振幅が中心からの距離 $|r|$ に反比例して,中心からあらゆる向きに広がってゆく波である.球面波は次式で与えられる.

$$\frac{A}{|\boldsymbol{r}|} \cdot e^{2\pi i(-\boldsymbol{k}\cdot\boldsymbol{r}+\nu t)} \tag{3.2}$$

振幅は $A/|\boldsymbol{r}|$ である．注意しなければいけないのは，位相部分の $\boldsymbol{k}$ ベクトルは平面波の場合と異なり，中心からあらゆる向きを向いていて，その向きに波は進むということである．したがって，時刻を固定すると空間的位相「$\boldsymbol{k}\cdot\boldsymbol{r}=$ 一定」の波面の条件は球面となる．ゆえに球面波と呼ばれる．

　一言，付け加える．球面波の中心から，ある1つの方向でこれを観測すると，中心からの距離が離れれば離れるほど球面の曲率は大きくなり，十分遠方では平面とみなせるようになる．したがって，球面波を無限遠方で観測すると平面波となる．

## 3.2　Huygens の原理と回折実験の意味

　'波' と '粒子' の概念はそれぞれ対極にある考え方である．今，板に小さな孔を開けて板の一方から孔を通り抜けることのできる大きさの粒子をぶつけると，孔の開いたところに真っ直ぐに飛び込んだ粒子のみが孔を通り抜けてそのまま進んでゆくことができる．このときに粒子は進行方向を変えない．これに対し孔の開いた板に垂直に平面波を当てると，板の孔を通り抜けた後は図3.6(a)に示すように孔を中心として球面状に波が広がってゆく．入射平面波の進行方向は一定であるが，これが孔を通過後，孔を中心として半立体角のあらゆる向きに進行する波面が球面状の波に変化する．粒子では進行方向が変化しないのに対して波は進行方向を変化させる．これが**波の回折現象**である．それでは図3.6(b)のように孔が2つ開いていたらどうなるであろうか．それぞれの孔を中心に波が球面状に広がり，板から遠ざかるとそれらの波が重なり合うことになる．この重ね合わせの現象が**波の干渉**である．2つの孔が図3.6(b)より少し離れて開いていると，図3.6(c)のように波の干渉の様子は変化する．それでは図3.6(d)のように大きな孔が1つ開いていたらどうであろうか．大きな孔は小さな孔が隣り合ってすべて開口しているとみなすことができる．そして，小さな孔のそれぞれから球面波が発生する．こうした考え方

(a) (b) (c) (d)

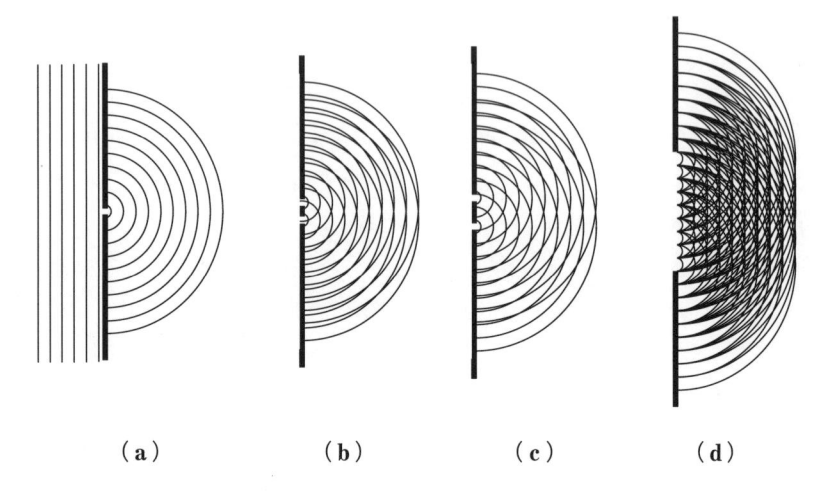

図3.6 (a)入射平面波と1つの小さな孔により発生する球面波，(b)2つの小さな孔，(c)(b)より少し離れた2つの小さな孔，(d)大きな孔は小さな孔が隣り合って並んだものと考える

がHuygens(ホイヘンス)の**原理**である．

　上の説明では孔の開閉を考えたが，孔の代わりに原子を置いても同様の現象が起こる．原子に入射する波がX線の場合は，その電場により原子中の電子が大きく揺すられ，質量の重い原子核に対して相対的に変位し，これが新たなX線を放射する．原子に入射する波が電子線であれば原子の作る静電ポテンシャルによって電子(物質波)が放射される．原子の大きさに比較して長い波長400〜800 nmの電磁波，可視光線の場合は回折格子における透過率もしくは屈折率のサブミクロンからミクロンの程度の空間変化により同様の回折現象が起こる．

　回折実験の基本構成を図3.7に示す．波は光源$P_0$から発して，点線部分$Q$の領域に到達する．太い実線部分は$P_0$から波がやってきても反射するか吸収して右側への侵入を完全に阻止する領域である．さて，$Q$の散乱体領域は二次元的に広がりをもっているが，この領域を細かい目のグリッド線で分割すると，1つ1つの目では$P_0$からの入射波はそれぞれ一様であるとみなせる．ここで，ただ1つの目の部分に注目する．もしそこが完全に開口していたら，そ

3.3 Kirchhoffの回折理論とFourier変換

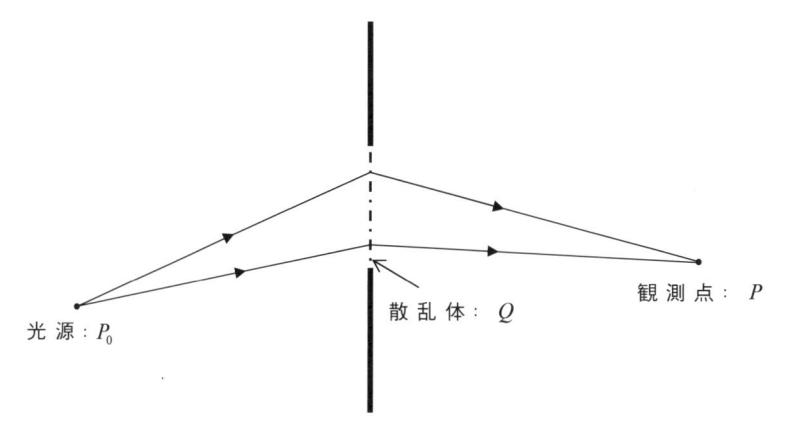

**図3.7** 回折実験の基本構成

こは小さな孔とみなせるから，図3.6(a)に示したように，その孔を中心にして右側に球面波が発生する．一方，閉じていれば右側には何も伝わらない．開閉だけの極端な状況以外に中途半端に曇っている場合もあり得る．そのときは完全に開いているときに発生する球面波に比べ幾分小さくなった振幅をもつ球面波が右側に広がる．このように，グリッドの1つの目の部分で入射波は変調され，その部分に対応した球面波を発生させる．このような現象が分割された個々のグリッドの目において起こると考える．$Q$領域全体から右側に発生する波はグリッドから発生した個々の**球面波の重ね合わせ**となる．これを$P$点で観測することになる．$P$点を適当に移動させると場所ごとに強かったり弱かったりする回折波強度が測定される．この回折波の強度分布は$Q$領域の変調の具合によって変化する．回折実験では，$P$点を移動させながら強度分布を観測して，$Q$領域の変調の様子，すなわち散乱体の様子を推定することが目的となる．

## 3.3　Kirchhoffの回折理論とFourier変換

前節の定性的記述を数学で記述したものがKirchhoff(キルヒホッフ)の**回折**

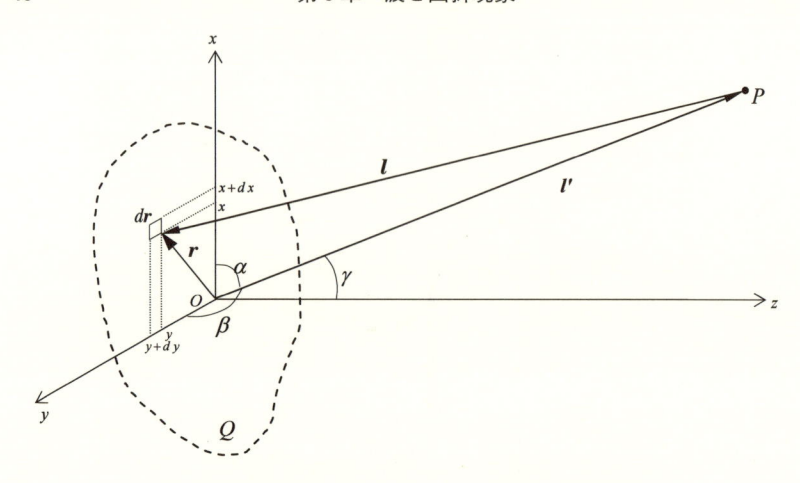

図 3.8 散乱体領域 $Q$ 中の $dr$ と観測点 $P$ の配置

**理論**である[1]．これは Huygens の原理に数学的基礎を与える．図 3.7 の基本構成に図 3.8 のように座標を付与する．回折を起こす領域(散乱体) $Q$ は図 3.8 の点線で囲まれた領域で $xy$ 面内にある．入射波は波長 $=\lambda=$ 一定(単色)，波数 $=k_0=1/\lambda$ で，$z$ 軸の負の方向から $Q$ に入射する．その時間因子を $e^{2\pi i\nu t}$ とする．$Q$ 領域は微小面積素片：$dS=dx\cdot dy=dr$ の集合である．すなわち，$Q$ は $dr$ の細かいグリッドに分割される．$dr$ の微小面積素片に入射した波：$\Phi(l_0)$ はその位置：$r$ の関数である $q(r)=q(x,y,0)$ の変調を受ける．変調とは，たとえば $r$ に位置する $dr$ の微小面積素片が開いていれば $q(r)=1$，閉じていたら $q(r)=0$ である．$q(r)=0$ でなければ，$dr$ を波源とする球面波が発生する．そして，観測点である $P$ 点に到達する．$P$ 点は，原点からの距離が $|l'|$ で $x,y,z$ 軸から $\alpha,\beta,\gamma$ の角度にある．1つの $dr$ 部分だけから $P$ 点に到達する寄与：$d\Psi(P)$ は次式で与えられる．

$$d\Psi(P)=ik_0\Theta\cdot\frac{e^{-2\pi i k_0|l|}}{|l|}\cdot q(r)\cdot\Phi(l_0)\cdot dr \tag{3.3}$$

ここで，$l$ は $P$ 点を始点とし $dr$ を終点とするベクトル，$l_0$ は光源 $P_0$ を始点とし $dr$ を終点とするベクトル，$\Theta=(\cos(n,l_0)-\cos(n,l))/2$ は方向依存係数と呼ばれる(図 3.9)．さらに，$n$ は $dr$ ($dx,dy$ を辺とする微小面積)の $P$ 点側

## 3.3 Kirchhoffの回折理論とFourier変換

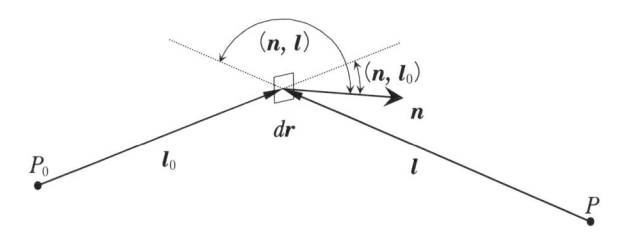

**図3.9** 方向依存係数

に向いている法線単位ベクトルであり，$(n, l_0)$ および $(n, l)$ はそれぞれ $n$ と $l_0$, $n$ と $l$ の成す角を示す．光源 $P_0$ と散乱体 $dr$ そして観測点 $P$ がほぼ直線上にあるような実験配置の場合 $\Theta \approx 1$ となる

図3.8に従って $z$ 軸の負の方向から平面波を入射させ，回折波を十分遠方で観測することを考える．$Q$ の領域に入射する波を $z$ 軸正の向きに進行する平面波とすれば $\Phi(l_0)$ の位相は $Q$ 上のすべての面積素片で等しいから，以後 $\Phi(l_0)=1$ とおいても結果の導出に差し支えはない．したがって，$Q$ 上の個々の $dr$ から発生した球面波（式(3.3)）を $P$ 点において重ね合わせると，$P$ 点における $Q$ 全体からの回折波が求められる．重ね合わせるとは足し算することであり，積分することを意味する．したがって

$$\Psi(P) = \int_Q d\Psi(P) = ik_0 \int_Q \frac{e^{-2\pi ik_0|r-l'|}}{|r-l'|} \cdot \Theta \cdot q(r) dr \quad (\text{注}: l=r-l') \tag{3.4}$$

次に，$Q$ の大きさに対して十分遠方の $P$ 点で観測すると仮定する．微小面積素片 $dr$ が積分領域内 $Q$ を動くとき，$|r-l'|$ は波長に比べて大きく変化するため，被積分関数の分子の $e^{-2\pi ik_0|r-l'|}$ の位相は激しく振動する．これに対し $1/|r-l'|$ はなめらかな関数であるから，$1/|l'|$ と近似して積分の外に出せる．また図3.8より，$l=r-l'$ であるので

$$\Psi(P) = \frac{ik_0}{|l'|} \int_Q e^{-2\pi ik_0|l|} \cdot \Theta \cdot q(r) dr \tag{3.5}$$

さらに，$Q$ から光源 $P_0$ および観測点 $P$ に到る距離が，$Q$ の大きさに比較

して十分大きいと仮定する．$\Theta$ は $Q$ 全域でほぼ一定とみなせて，積分の外に出せる．図 3.8 で $P$ の座標を $(x_p, y_p, z_p)$ とし，$\boldsymbol{r}$ ベクトルの終点の座標が $(x, y, 0)$ であることに注意して

$$|l'|^2 = x_p^2 + y_p^2 + z_p^2, \quad |l|^2 = (x_p - x)^2 + (y_p - y)^2 + z_p^2$$

より

$$|l|^2 = |l'| - 2(x_p x + y_p y) + x^2 + y^2$$

$$|l| = |l'| \cdot \sqrt{1 - 2\frac{x \cdot x_p + y \cdot y_p}{|l'|^2} + \frac{x^2 + y^2}{|l'|^2}}$$

ここで，$|l'| \gg |x|$, $|l'| \gg |y|$ であるから，平方根中の第 3 項を無視して

$$|l| \approx |l'|\left(1 - \frac{x \cdot x_p + y \cdot y_p}{|l'|^2}\right) = |l'| - x\frac{x_p}{|l'|} - y\frac{y_p}{|l'|}$$

$$= |l'| - x \cdot \cos \alpha - y \cdot \cos \beta \tag{3.6}$$

式 (3.5) に式 (3.6) を代入すると

$$\Psi(P) = \frac{ik_0}{|l'|}\Theta \int_Q e^{-2\pi i k_0 (|l'| - x \cdot \cos \alpha - y \cdot \cos \beta)} \cdot q(\boldsymbol{r}) d\boldsymbol{r}$$

$$= ik_0 \Theta \frac{e^{-2\pi i k_0 |l'|}}{|l'|} \int_Q q(x, y) e^{2\pi i k_0 (x \cdot \cos \alpha + y \cdot \cos \beta)} dx \cdot dy$$

↓←積分の前の定数：$ik_0 \Theta \dfrac{e^{-2\pi i k_0 |l'|}}{|l'|} \equiv C$ とおいて

$$\equiv C \int_Q q(x, y) e^{2\pi i k_0 (x \cdot \cos \alpha + y \cdot \cos \beta)} dx \cdot dy \tag{3.7}$$

↓←$k_0 \cos \alpha = \dfrac{\cos \alpha}{\lambda} = k_x$, $k_0 \cos \beta = \dfrac{\cos \beta}{\lambda} = k_y$ とおけば

$$\Psi(P) = C \int_Q q(x, y) e^{2\pi i \left(x \cdot \frac{\cos \alpha}{\lambda} + y \cdot \frac{\cos \beta}{\lambda}\right)} dx \cdot dy \tag{3.8}$$

$$\Psi(P) = C \int_Q q(x, y) e^{2\pi i (k_x \cdot x + k_y \cdot y)} dx \cdot dy \tag{3.9}$$

上記の散乱体からの回折波を無限遠方で観察するという一連の近似による結果は **Fraunhofer 回折**と呼ばれる．式 (3.7) を見ると，観測点 $P$ は散乱体 $Q$ の原点 $O$ から無限遠にあるので，距離の情報は失われ，$P$ 点の位置は $O$-$xy$ 座標系からみた向きだけの情報，つまり方向余弦に変換されていることがわかる．さらに，式 (3.8) をみると，回折波 $\Psi(P)$ は，$x, y$ の関数である $q(x, y)$ の二

次元フーリエ変換となっている．積分は $x, y$ について行うので，観測点 $P$ は $k_x, k_y$ の変数となる．すなわち

$$\Psi(k_x, k_y) = C\int_Q q(x,y) e^{2\pi i(k_x \cdot x + k_y \cdot y)}\, dx \cdot dy \tag{3.10}$$

この式は，長さの次元の変数 $(x, y)$ をもつ関数 $q(x, y)$ に空間的位相をもつ平面波を掛けて，長さの空間で積分し，長さの逆数の空間 $(k_x, k_y)$ に変換している．このフーリエ変換の意味を十分に味わい，そして理解してほしい．

もう1つ '観測' にかかわる大切なことを述べる．観測しなければ $P$ 点には $\Psi(P)$ の振幅の波が到達しているだけで，その事実を観測者は知らない．しかし，いったん観測した場合は，波の強度 $|\Psi(P)|^2$ が測定される．つまり，観測すると波の位相の情報は消えてしまうのである．

## 3.4 レンズの作用

2.4.3節，3.3節で Fourier（フーリエ）変換の数式が登場した．数式は必ずグラフや図形に表現できる．多くの読者は，事実をすでに経験しているがフーリエ変換とは気づいていない．例としてフーリエ変換とレンズの関係について述べる．簡単のために，式(3.7)で $\beta \equiv \pi/2$ とおいて一次元の $q(x)$ を考える．

$$\Psi(P) \equiv C\int_Q q(x) e^{2\pi i k_0(x \cdot \cos\alpha)}\, dx \tag{3.11}$$

$$\downarrow \leftarrow k_0 \cos\alpha = \frac{\cos\alpha}{\lambda} = \frac{\sin\gamma}{\lambda},$$

$$\because \text{図 3.8 で } \beta = \pi/2 \text{ とすれば } \alpha + \beta = \pi/2$$

$$\Psi\left(\frac{\sin\gamma}{\lambda}\right) = C\int_Q q(x) e^{2\pi i\left(x \cdot \frac{\sin\gamma}{\lambda}\right)} dx \tag{3.12}$$

$$\downarrow \leftarrow \frac{\sin\gamma}{\lambda} = k_x$$

$$\Psi(k_x) = C\int_Q q(x) e^{2\pi i(x \cdot k_x)} dx \tag{3.13}$$

すなわち

$$\Psi(P) = \Psi\left(\frac{\sin\gamma}{\lambda}\right) = \Psi(k_x) = C \cdot \tilde{F}(q(x)) \tag{3.14}$$

ここで，$\tilde{F}$ はフーリエ変換演算子で，$\Psi(P)$ が $q(x)$ のフーリエ変換の $C$ 倍であることを示しており，それは $(\sin\gamma)/\lambda$ の関数であり，さらに $k_x$ の関数であることを示している．$\lambda=$ 一定であるから，フーリエ変換は角度 $\gamma$ の関数になることになる．したがって，どの方向にどれだけの波が回折されるかを知ることこそがフーリエ変換であるということができる．この角度の情報をうまく表現する手段としてレンズがある．

　読者は子供の頃に虫眼鏡(凸レンズ)を用いて遊んだ経験をもっていると思う．太陽の光をレンズで集めて黒い紙に集光させると，そこから煙が出た．集光した点をレンズの焦点と呼んだ．この現象が太陽光のフーリエ変換を示している．太陽は地球から 1.5 億 km 離れており，太陽光は地球上にほぼ平行にやってくる．つまり，光の入射方向は太陽と地球を結ぶ直線に平行で，太陽から地球に向かう向きに波数ベクトルがある．この方向にレンズの光軸を一致させると焦点の位置に集束する．この事実が，以下に述べるように入射光のフーリエ変換を強度で表現したものである．

　図 3.10 に，回折格子から回折した波がレンズによって変化する様子を示す．この図で，光軸に対して一定の回折角 $\gamma$ で回折した波を考える．レンズに入射した回折波は，焦点を含み光軸に垂直な面(後焦点面)上の 1 点 $P'$ に収束する．光軸に平行な $\gamma=0$ の波であれば，焦点 $O'$ に収束する．すなわち，異なる回折角の回折波ごとに後焦点面上の異なる位置に集束する．光路の作図においては，レンズの中心 $O$ 点を通過する光路のみが直進するという性質を利用する．$O'$ 点と $P'$ 点の距離を $R$ とし，レンズ中心 $O$ 点と焦点 $O'$ の距離を $L$ (焦点距離)とすると，図 3.10 より

$$\tan\gamma = \frac{R}{L} \tag{3.15}$$

という関係がある．したがって，$L$ と $R$ の長さを測れば角度 $\gamma$ を求めることができる．回折格子からの回折波の回折角が小さく，前方に回折する場合は，$\gamma\ll 1$ であるから，$\tan\gamma\ll\sin\gamma$ と近似できる．式(3.15)に代入し，両辺を

## 3.4 レンズの作用

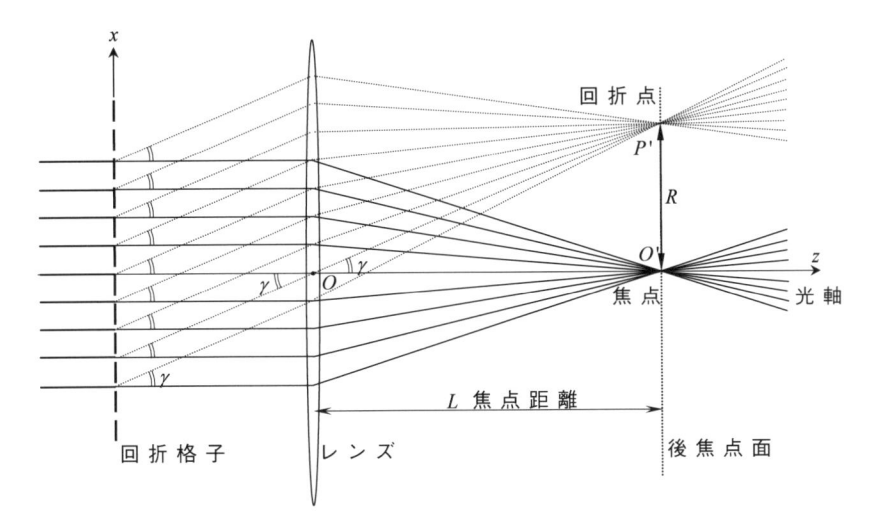

**図 3.10** レンズの回折像形成作用

λ で割ると

$$\frac{\sin \gamma}{\lambda} \approx \frac{R}{\lambda L} \tag{3.16}$$

ここでは，$\lambda=$ 一定(単色)，$L=$ 一定であるから，後焦点面上の座標 $R$ は $\sin \gamma$ に比例する．ここで，フーリエ変換が回折角：$\gamma$ の関数として表現されること(式(3.14))を思い出してほしい．

$$\Psi(P) = \boxed{C \cdot \tilde{F}(q(x)) = \Psi\left(\frac{\sin \gamma}{\lambda}\right) \approx \Psi\left(\frac{R}{\lambda L}\right)} \tag{3.17}$$

つまり，後焦点面上には回折格子 $q(x)$ のフーリエ変換された波が分布する．観測するには，そこにスクリーンもしくはフィルム等の検出器を置く．その結果，フーリエ変換の強度

$$|\Psi(P)|^2 = \left|\Psi\left(\frac{\sin \gamma}{\lambda}\right)\right|^2 = |\Psi(k_x)|^2 = |C \cdot \tilde{F}(q(x))|^2 \approx \left|\Psi\left(\frac{R}{\lambda L}\right)\right|^2 \tag{3.18}$$

が観測される．これを**回折像**と呼ぶ．波数 $k_x$ の原点は焦点 $O'$ にあるとみなすことができる．言い換えると，レンズは回折波の波数ベクトルの光軸に垂直

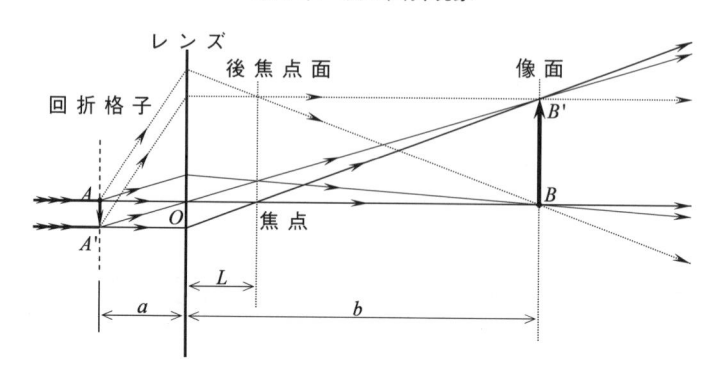

図3.11 レンズの像形成作用

な$(k_x)$成分を後焦点面に映し出す．

　Kirchhoffの回折理論において散乱体領域$Q$から無限遠方の$P$点で観測するとした場合のFraunhofer回折は，散乱体$q(x)$のフーリエ変換に対応していた．その回折波の強度分布を有限距離にある後焦点面上に可視化することを，レンズは可能にする．

　レンズには回折像形成作用に加えて，図3.11に示すように像を形成する作用がある．回折格子$AA'$に入射した波は回折し，レンズに入射する．そして，後焦点面では異なる波数をもつ波に分解される．この過程がフーリエ変換である．さらに，分解された個々の波は，再び重なり合って像面で像となる．後焦点面から像面までの過程が，逆フーリエ変換に相当する．読者は，ここに至って，像がレンズのフーリエ変換と逆フーリエ変換により形成されることを理解したことになる．ちなみに図3.11を参照して，像の倍率は

$$\frac{BB'}{AA'} = \frac{b}{a} \tag{3.19}$$

であり，$a, b$と焦点距離は

$$\frac{1}{a} + \frac{1}{b} = \frac{1}{L} \quad \text{(レンズの公式)} \tag{3.20}$$

の関係がある．

# 実空間と逆空間

## 4.1 一次元および二次元回折格子の Fourier 変換

Fourier(フーリエ)変換は難しそうに思われるが，それは数学の式だけを計算し，そこでおしまいにするからである．グラフに描いて，結果を目で見ることができれば比較的簡単に理解できる．そこで，以下にさまざまな回折格子を数学的表現 $q(x,y)$ または $q(x)$ で表し，式(3.7)～式(3.9)または1次元の式(3.11)～式(3.13)に代入してフーリエ変換を行い，さらに，その強度としての回折像を計算する．ただし，観測においては相対的強度分布を問題にするので，以下の計算では式(3.7)～式(3.9)または1次元の式(3.11)～式(3.13)において $C\equiv1$ とする．そして，後に5.1節で，レーザー・フーリエ変換装置により回折格子の回折像を可視化する．

### 4.1.1 一次元スリット

はじめに，スリットについて述べる．これは図4.1に示すように $x$ 軸方向に，幅 $=W$ の部分だけが開口している1本のスリットである．紙面に垂直な方向にスリットの開口部は伸びている．
このスリットを式で表現すると

$$q(x)=\begin{cases} 1 & \text{for } -W/2 \leq x \leq W/2 \\ 0 & \text{for } x<-W/2,\, W/2<x \end{cases} \tag{4.1}$$

つまり，スリット開口部の中心に $x$ 軸の原点をとり，原点から $\pm W/2$ の範囲は開口しているので $q(x)=1$．それ以外は閉じているので $q(x)=0$ である．この式を式(3.12)に代入すると

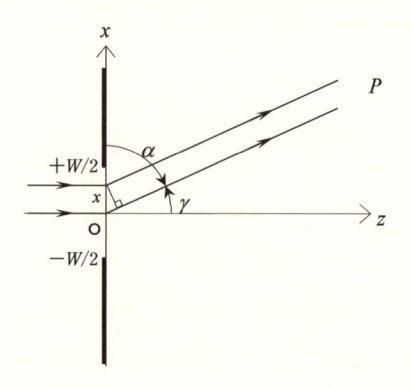

図4.1 一次元スリットの回折

$$\Psi\left(\frac{\sin \gamma}{\lambda}\right) = \int_{-\infty}^{\infty} q(x) \cdot e^{2\pi i x \cdot \frac{\sin \gamma}{\lambda}} dx$$

$$= \int_{-W/2}^{W/2} 1 \cdot e^{2\pi i x \cdot \frac{\sin \gamma}{\lambda}} dx$$

$$\downarrow \leftarrow \int e^{bx} dx = \frac{e^{bx}}{b}, \ \sin \theta = \frac{e^{i\theta} - e^{-i\theta}}{2i},$$

および $\frac{1}{\lambda} \equiv k_0$ 等の関係を用いて

$$= W \cdot \frac{\sin(\pi W \cdot k_0 \sin \gamma)}{\pi W \cdot k_0 \sin \gamma} \tag{4.2}$$

式(4.2)が,式(4.1)のフーリエ変換である.したがって,回折像は次式となる.

$$I(k_0 \sin \gamma) = |\Psi(k_0 \sin \gamma)|^2 = W^2 \cdot \left(\frac{\sin(\pi W \cdot k_0 \sin \gamma)}{\pi W \cdot k_0 \sin \gamma}\right)^2 \tag{4.3}$$

$\pi W \cdot k_0 \sin \gamma \equiv \Theta$ とすれば,式(4.3)の関数は $\left(\frac{\sin \Theta}{\Theta}\right)^2$ の形をしており,グラフに表現すると図4.2のようになる.波長が既知であれば回折角 $\gamma$ の関数として式(4.3)の零点,または極大点を求めることでスリット幅 $W$ を求めることができる.さらに式(3.16)を参照すれば,$\frac{\sin \gamma}{\lambda} = k_0 \sin \gamma \approx \frac{R}{\lambda L}$ であるから,$\lambda L k_0 \sin \gamma \approx R$,すなわち図3.10の回折格子の位置にスリットを紙面に垂直に立てて配置し,レンズの後焦点面にスクリーンを置くと,焦点からの距離

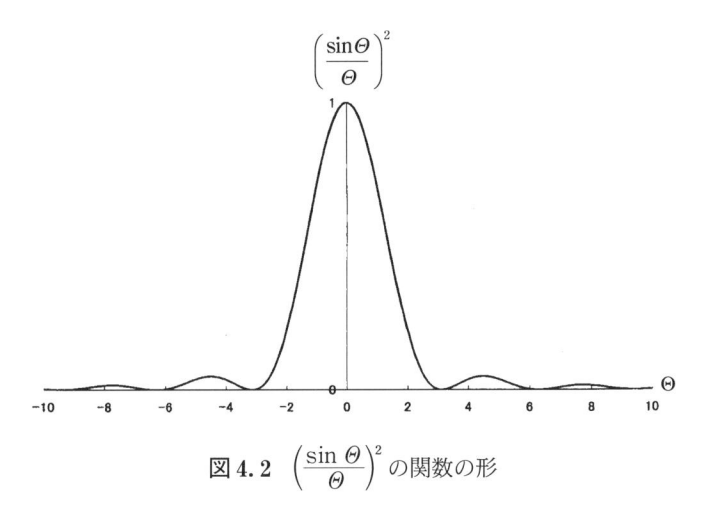

4.1 一次元および二次元回折格子の Fourier 変換　　　　　55

図 4.2　$\left(\dfrac{\sin \Theta}{\Theta}\right)^2$ の関数の形

$R$ の関数として回折像 $I(k_0 \sin \gamma)$ が観測できる．

## 4.1.2　一次元回折格子と Laue 関数

図 4.3 に示すように，一次元回折格子として，開口幅 $= W$ の一次元スリットが，$x$ 軸方向に周期 $= d$ で $M$ 本並んだものを考える．式で表現すると

$$q(x) = \begin{cases} 1 & \text{for } (j-1)d \leq x \leq (j-1)d+W \\ 0 & \text{for } (j-1)d+W < x < jd \end{cases} \quad (\text{ここで } j=1, 2, \cdots, M) \quad (4.4)$$

式 (4.4) を式 (3.12) に代入する．式 (4.1) に注意して

$$\begin{aligned}
\Psi\left(\frac{\sin \gamma}{\lambda}\right) &= \int_{-\infty}^{\infty} q(x) \cdot e^{2\pi i x \cdot \frac{\sin \gamma}{\lambda}} dx \\
&= \int_0^W 1 \cdot e^{2\pi i x \cdot \frac{\sin \gamma}{\lambda}} dx + \int_d^{d+W} 1 \cdot e^{2\pi i x \cdot \frac{\sin \gamma}{\lambda}} dx \\
&\quad + \int_{2d}^{2d+W} 1 \cdot e^{2\pi i x \cdot \frac{\sin \gamma}{\lambda}} dx + \cdots + \int_{(M-1)d}^{(M-1)d+W} 1 \cdot e^{2\pi i x \cdot \frac{\sin \gamma}{\lambda}} dx \\
&= \sum_{j=1}^M \left( \int_{(j-1)d}^{(j-1)d+W} 1 \cdot e^{2\pi i x \cdot \frac{\sin \gamma}{\lambda}} dx \right)
\end{aligned}$$

$\dfrac{1}{\lambda} = k_0$ とし，積分を実行し，等比数列の和の公式

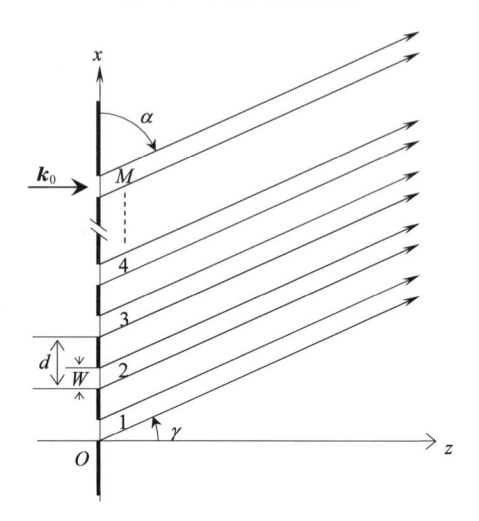

図 4.3 　一次元回折格子の回折

$$\sum_{m=1}^{n} a_0 r^{m-1} = \frac{a_0(1-r^n)}{1-r}$$

を用いると

$$\Psi(k_0 \sin \gamma) = \boxed{W \cdot \frac{\sin(\pi W \cdot k_0 \sin \gamma)}{\pi W \cdot k_0 \sin \gamma}}^{\text{第1項}} \cdot \boxed{\frac{\sin(M\pi d \cdot k_0 \sin \gamma)}{\sin(\pi d \cdot k_0 \sin \gamma)}}^{\text{第2項}}$$

$$\times e^{\pi i W \cdot k_0 \sin \gamma} \cdot e^{\pi i (M-1) d \cdot k_0 \sin \gamma} \tag{4.5}$$

式(4.5)は**一次元回折格子**のフーリエ変換である．第 1 項は式(4.2)と同じであり，1 本のスリットのフーリエ変換である．第 2 項はスリットが周期 $=d$ で，$M$ 本並んだ効果を示している．そして回折像は次式で計算される．

$$I(k_0 \sin \gamma) = |\Psi(k_0 \sin \gamma)|^2$$

$$= \left( W \cdot \frac{\sin(\pi W \cdot k_0 \sin \gamma)}{\pi W \cdot k_0 \sin \gamma} \right)^2 \cdot \boxed{\left( \frac{\sin(M\pi d \cdot k_0 \sin \gamma)}{\sin(\pi d \cdot k_0 \sin \gamma)} \right)^2}^{\text{第2項}} \tag{4.6}$$

ここで，第 2 項 $\equiv |G(M, d, \gamma)|^2$ として，$G$（または $|G|^2$）を **Laue**（ラウエ）**関数**

## 4.1 一次元および二次元回折格子の Fourier 変換

と呼ぶ．$\pi d \cdot k_0 \sin \gamma \equiv \zeta$ とおけば

$$|G(M, \zeta)|^2 = \frac{\sin^2(M\zeta)}{\sin^2 \zeta}$$

となり，この関数は，$\zeta = m\pi$（$m$ は整数）のとき分母と分子が共に零となる．そこで，任意の関数 $f$ と $g$ の商の極限に対する

$$\lim_{\zeta \to a}\left(\frac{f(\zeta)}{g(\zeta)}\right) = \lim_{\zeta \to a}\left(\frac{f'(\zeta)}{g'(\zeta)}\right)$$

の公式を用いて

$$\lim_{\zeta \to m\pi}\left(\frac{\sin^2(M\zeta)}{\sin^2 \zeta}\right) = \lim_{\zeta \to m\pi}\left(\frac{2M \sin(M\zeta) \cdot \cos(M\zeta)}{2 \sin \zeta \cdot \cos \zeta}\right)$$
$$= \lim_{\zeta \to m\pi}\left(\frac{M \sin(M\zeta)}{\sin \zeta}\right) = \lim_{\zeta \to m\pi}\left(\frac{M^2 \cos(M\zeta)}{\cos \zeta}\right) = M^2$$

したがって

$$\lim_{\zeta \to m\pi}|G(M, \zeta)|^2 = M^2 \tag{4.7}$$

となる．$M^2$ で規格化した Laue 関数を図 4.4 に示す．

$M$ の増加とともに，$\zeta = m\pi$（$m$ は整数）の位置でピークは次第に鋭くなる．$M \to \infty$ の極限では $\zeta = m\pi$ の各点で $\delta$ 関数となる．

$\zeta = m\pi$（$m$ は整数）の条件は，すなわち，$\pi d \cdot k_0 \sin \gamma \equiv m\pi$ であり，$k_0 = 1/\lambda$

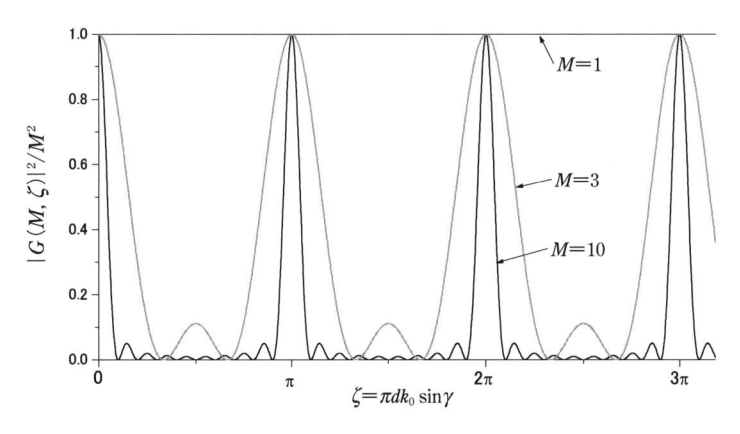

図 4.4 規格化した Laue 関数

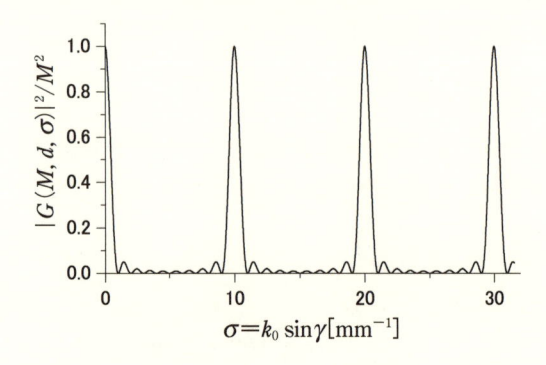

(**a**) $M=10$, $d=0.1\,\mathrm{mm}$

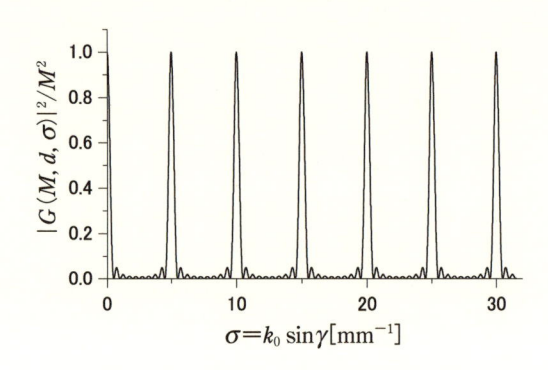

(**b**) $M=10$, $d=0.2\,\mathrm{mm}$

図 4.5　Laue 関数の周期依存性

であるから，次式と等価である．
$$d\cdot\sin\gamma = m\cdot\lambda \quad (m=0,\pm1,\pm2,\cdots) \tag{4.8}$$
式(4.8)は隣り合うスリットの等価位置から発生した回折波の位相差が波長の整数倍になるときに波が強め合うことに対応している．

次に，図 4.5(a),(b)にスリットの本数 $M=10=$ 一定で，$d=0.1\,\mathrm{mm}$ または 0.2 mm としたときの Laue 関数の違いを示す．$\sigma\equiv k_0\sin\gamma=\sin\gamma/\lambda$ であるから $\sigma$ は長さの逆数の次元をもつ．格子の周期 $d$ が 0.1 mm から 0.2

mmへ2倍になればLaue関数の周期は1/2になっている．つまり，"(長さ)の空間"で大きな量は，"(1/長さ)の空間"では小さくなっており，互いに逆の関係になっていることがわかる．

## 4.1.3　単純二次元回折格子とその逆格子

二次元回折格子とは異なる2つの方向(必ずしも直交している必要はない)にそれぞれ周期を有する回折格子のことである．

例として図4.6示す格子を考える．$x$軸，$y$軸それぞれの方向に$a$および$b$の周期をもっている．**周期**とはあるパターンの繰り返しの間隔である．'あるパターン'とは図中に示されている**単位胞**のことである．この単位胞は$x$軸方向に$a$，$y$軸方向に$b$の辺の長さをもつ長方形である．この$a, b$を**格子定数**と呼ぶ．$a, b$の長さをもち，$x$軸正，$y$軸正それぞれの向きをもつベクトルを$\boldsymbol{a}, \boldsymbol{b}$として，これらを**基本並進ベクトル**と呼ぶ．この単位胞の左隅に無限小の大きさの孔(白丸で示す)が存在し，この孔以外は波を透過しないと仮定する．この単位胞が$x$軸方向に$M$回，$y$軸方向に$N$回繰り返した合計$M \times N$個の単位胞から作られる回折格子を表現すると次式となる．

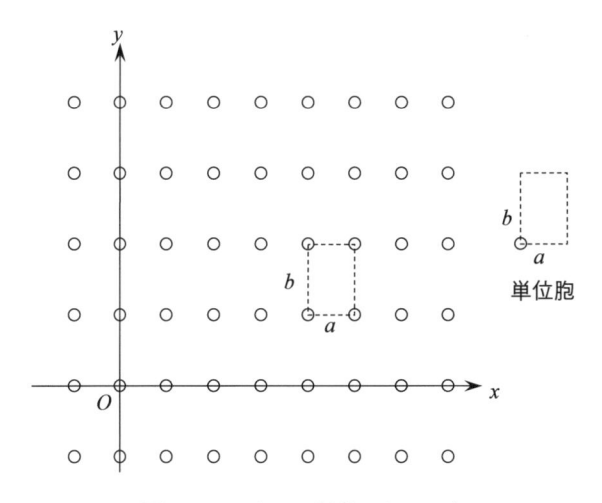

図4.6　二次元回折格子(その1)

$$q(x,y) = q(\boldsymbol{r}) = \sum_{m=0}^{M-1}\sum_{n=0}^{N-1} \delta(\boldsymbol{r}-(m\boldsymbol{a}+n\boldsymbol{b})) \tag{4.9}$$

ここで，$\delta(\boldsymbol{r}-(m\boldsymbol{a}+n\boldsymbol{b}))$ はデルタ関数であり，$\boldsymbol{r}=m\boldsymbol{a}+n\boldsymbol{b}$ の位置に開口している孔があることを示している．デルタ関数は積分して意味をもつ．すなわち $\int \delta(\boldsymbol{r}-\boldsymbol{r}_0)\cdot d\boldsymbol{r}$ の積分は，積分範囲の中に $\boldsymbol{r}_0$ が含まれると積分して 1 となる．式(4.9)を式(3.9)に代入して

$$\Psi(k_x, k_y) = \sum_{n=1}^{N-1}\int\left\{\left(\sum_{m=0}^{M-1}\int \delta(x-ma)\cdot e^{2\pi i k_x \cdot x}dx\right)\cdot \delta(y-nb)\cdot e^{2\pi i k_y \cdot y}\right\}dy$$

$$= e^{i\pi(M-1)k_x \cdot a}\cdot e^{i\pi(N-1)k_y \cdot b}\cdot \frac{\sin(\pi M k_x \cdot a)}{\sin(\pi k_x \cdot a)}\cdot \frac{\sin(\pi N k_y \cdot b)}{\sin(\pi k_y \cdot b)} \tag{4.10}$$

したがって，回折像は

$$I(k_x, k_y) = |\Psi(k_x, k_y)|^2 = \left(\frac{\sin(\pi M k_x \cdot a)}{\sin(\pi k_x \cdot a)}\right)^2 \cdot \left(\frac{\sin(\pi N k_y \cdot b)}{\sin(\pi k_y \cdot b)}\right)^2 \tag{4.11}$$

となり，式(4.6)に表れた 2 つの Laue の回折関数の積で与えられる．$M$ および $N$ が十分大きい極限の場合，すなわち無限大では，式(4.8)と同様に考えて

$$\boxed{k_x\cdot a = h \text{ and } k_y\cdot b = k \quad (ここで h, k は整数)} \tag{4.12}$$

の位置に鋭いピークの分布を示す．ただし $k_x, k_y$ は波数ベクトルの $x$ 軸，$y$ 軸それぞれに平行な成分であるのに対して，$h, k$ の $k$ は単なる整数であって波数ではないことに注意する．式(4.12)の条件は，逆空間($k_x$ 軸，$k_y$ 軸によって張られる波数空間)において $\dfrac{1}{a}, \dfrac{1}{b}$ を基本周期とする二次元の各格子点に鋭いピークの分布を示す．この逆空間における格子を**逆格子**と呼ぶ．

## 4.1.4　より複雑な二次元回折格子
### （単位胞に複数個の散乱体を含む場合）

単位胞中に $Z$ 個の散乱体を含む場合を考える．図4.7のような二次元格子は図中右上に示す単位胞を並進させて作られている．このような格子を数学的に表現するにはどのようにしたらよいのであろうか．

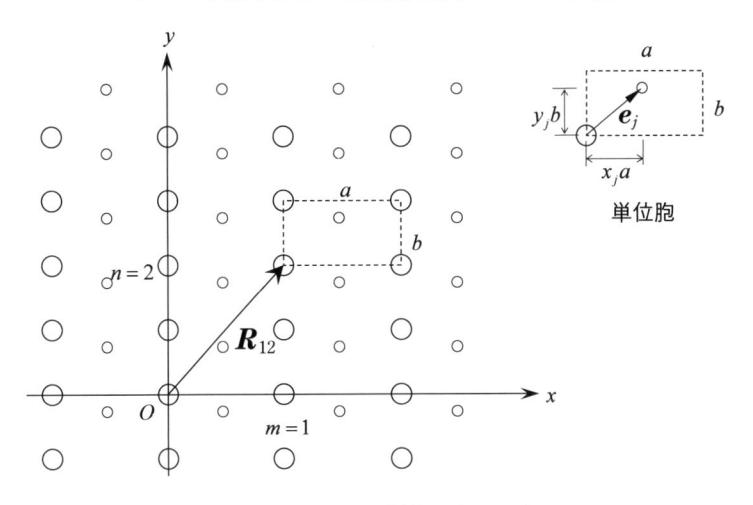

## 4.1 一次元および二次元回折格子のFourier変換

図4.7 二次元回折格子(その2)

まず,単位胞の並進操作を考える.座標原点 $O$,そして $x$ 軸,$y$ 軸をとる.長方形($x$ 方向の格子定数 $=a$,$y$ 方向の格子定数 $=b$)の形をした単位胞の左下の角を終点とし,座標原点 $O$ を始点とするベクトル $R$ を定義する.単位胞は $a, b$ ごとに,それぞれ $x$ 軸,$y$ 軸方向に繰り返すのであるから,繰り返し操作ごとに番号 $m, n$ を付けて区別すると

$$R_{mn} = ma + nb \quad (ここで m, n は整数) \tag{4.13}$$

が,単位胞の並進ベクトルを表す.$a, b$ はそれぞれ $x$ 軸正,$y$ 軸正の向きを向き,大きさがそれぞれ $a, b$ の格子定数をもつ基本並進ベクトルである.

次に単位胞の内部を記述する.単位胞内にある $Z$ 個の散乱体の位置ベクトル $e_j$ を次式で定義する.

$$e_j = x_j a + y_j b \quad (ここで j = 1, 2, \cdots, Z) \tag{4.14}$$

ここで $e_j$ は単位胞内のベクトルである.$x_j, y_j$ は,それぞれ $0 \leq x_j < 1$,$0 \leq y_j < 1$ の範囲にあり,基本並進ベクトルを単位とした単位胞内の散乱体の座標を示す.$j$ 番目の**散乱体の散乱振幅**(詳細は後に述べるが現段階では散乱体の散乱の大きさを示すものと思ってよい)を $f_j$ とする.1つの単位胞を次式で表現する.

$$U(\boldsymbol{r}) = \sum_{j=1}^{Z} f_j \cdot \delta(\boldsymbol{r} - \boldsymbol{e}_j) \tag{4.15}$$

格子は，式(4.15)の単位胞を並進ベクトル $\boldsymbol{R}_{mn}$ により並進させた総和であるから

$$q(\boldsymbol{r}) = \sum_{m=0}^{M-1}\sum_{n=0}^{N-1} U(\boldsymbol{r}) \cdot \delta(\boldsymbol{r} - \boldsymbol{R}_{m,n}) = \sum_{m=0}^{M-1}\sum_{n=0}^{N-1}\sum_{j=1}^{Z} f_j \cdot \delta(\boldsymbol{r} - \boldsymbol{R}_{mn} - \boldsymbol{e}_j) \tag{4.16}$$

格子全体の広がりは $M \times N$ 個の単位胞からなる．式(4.16)を式(3.9)に代入する．

$$\begin{aligned}W(k_x, k_y) &= \sum_{m=0}^{M-1}\sum_{n=0}^{N-1}\sum_{j=1}^{Z} \iint f_j \cdot \delta(x - ma - x_j a) \\ &\quad \cdot \delta(y - nb - y_j b) \cdot e^{2\pi i(k_x \cdot x + k_y \cdot x)} dx dy \\ &= \sum_{m=0}^{M-1} e^{2\pi i k_x \cdot ma} \cdot \sum_{n=0}^{N-1} e^{2\pi i k_y \cdot nb} \cdot \sum_{j=1}^{Z} f_j \cdot e^{2\pi i(k_x \cdot x_j a + k_y \cdot y_j b)}\end{aligned} \tag{4.17}$$

ここで

$$\boxed{k_x \cdot a \equiv h, \quad k_y \cdot b \equiv k} \tag{4.18}$$

とおいて，数列の和を実行すると格子全体からの回折波は，

$$\Psi(k_x, k_y) = e^{i\pi(M-1)h} \cdot e^{i\pi(N-1)k} \cdot \frac{\sin(\pi M h)}{\sin(\pi h)} \cdot \frac{\sin(\pi N k)}{\sin(\pi k)} \cdot \sum_{j=1}^{Z} f_j \cdot e^{2\pi i(hx_j + ky_j)} \tag{4.19}$$

したがって，回折像は次式となる．

$$I(k_x, k_y) = |\Psi(k_x, k_y)|^2 = \left(\frac{\sin(\pi M h)}{\sin(\pi h)}\right) \cdot \left(\frac{\sin(\pi N k)}{\sin(\pi k)}\right)^2 \cdot \left|\sum_{j=1}^{Z} f_j \cdot e^{2\pi i(hx_j + ky_j)}\right|^2 \tag{4.20}$$

式(4.20)の前2項は，式(4.11)に現れた Laue 関数である．$M, N$ が十分大きければ，$h$ および $k$ が整数のときに回折像は鋭いピークの分布を示し，逆格子点に対応する．言い換えると，逆格子点は整数 $h, k$ の組によって指数付けされる．式(4.20)の最後の項は，1つの単位胞のフーリエ変換に起因する．

$$\boxed{F(h, k) \equiv \sum_{j=1}^{Z} f_j \cdot e^{2\pi i(hx_j + ky_j)}} \tag{4.21}$$

とおき，これを**結晶構造因子**と呼ぶ．回折強度は結晶構造因子の絶対値の二乗に比例する．

## 4.2 散乱ベクトルと逆格子ベクトル

前節で，二次元回折格子の表現と，対応する逆格子について述べた．本節以降で，観測(実験)と逆格子の関係について述べる．波の回折現象とは，図4.8に示すように波数ベクトルの変化の過程と捉えることができる．すなわち

入射波　　⇒　　回折波
$$\boldsymbol{k}_0 = \frac{1}{\lambda} \cdot \boldsymbol{s}_0 \quad \Rightarrow \quad \boldsymbol{k} = \frac{1}{\lambda} \cdot \boldsymbol{s} \tag{4.22}$$

$\boldsymbol{s}_0, \boldsymbol{s}$ は，次式で示す $x, y, z$ 成分をもつ**単位ベクトル**である．

$$\boldsymbol{s}_0 = \begin{pmatrix} 0 \\ 0 \\ 1 \end{pmatrix}, \quad \boldsymbol{s} = \begin{pmatrix} \cos \alpha \\ \cos \beta \\ \cos \gamma \end{pmatrix} \tag{4.23}$$

回折前後の波数ベクトルの変化分は

$$\Delta \boldsymbol{K} = \boldsymbol{k} - \boldsymbol{k}_0 \tag{4.24}$$

であり**散乱ベクトル**と呼ぶ．また，$\boldsymbol{k}_0$ と $\boldsymbol{k}$ の成す角度 $\gamma$ を**散乱角**と呼ぶ．

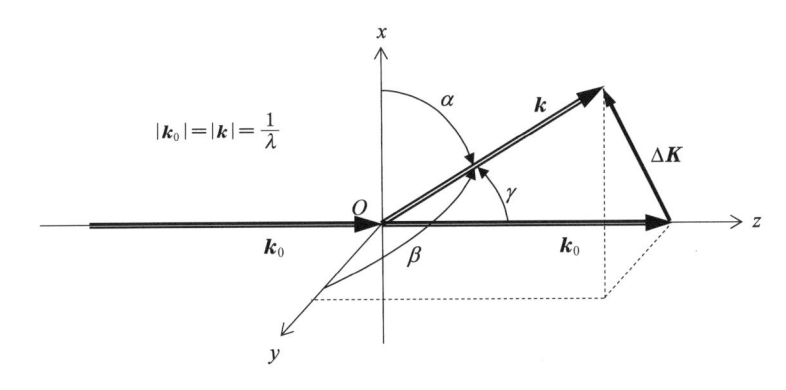

図4.8　回折における波数ベクトルの変化

以下に，4.1.3節で述べた二次元回折格子を，図4.8の $O\text{-}xy$ 面に配置した場合について述べる．式(4.12)の鋭い回折強度が出現する条件を，式(4.22)～式(4.24)を考慮して書き換えると

$$\boldsymbol{a}\cdot\Delta\boldsymbol{K} = \begin{pmatrix} a \\ 0 \\ 0 \end{pmatrix} \cdot \frac{1}{\lambda} \begin{pmatrix} 0-\cos\alpha \\ 0-\cos\beta \\ 1-\cos\gamma \end{pmatrix} = a\cdot\frac{\cos\alpha}{\lambda} = h,$$

$$\boldsymbol{b}\cdot\Delta\boldsymbol{K} = \begin{pmatrix} 0 \\ b \\ 0 \end{pmatrix} \cdot \frac{1}{\lambda} \begin{pmatrix} 0-\cos\alpha \\ 0-\cos\beta \\ 1-\cos\gamma \end{pmatrix} = b\cdot\frac{\cos\beta}{\lambda} = k$$

(4.25)

ここで $h, k$ は整数である．

次に，散乱ベクトルを格子の立場から考え直してみる．そうすると，見通しのよい結果が得られる．新たに，二次元回折格子の逆格子ベクトルという考え方を導入する．そのために，外積を用いて $\boldsymbol{a}, \boldsymbol{b}$ に垂直な $\boldsymbol{a}\times\boldsymbol{b}\equiv\boldsymbol{c}$ なる $\boldsymbol{c}$ ベクトルを定義し，次式で与えられる $\boldsymbol{a}^*, \boldsymbol{b}^*$ ベクトルを定義する．

$$\boldsymbol{a}^* \equiv \frac{1}{a}\cdot\frac{\boldsymbol{b}\times\boldsymbol{c}}{|\boldsymbol{b}\times\boldsymbol{c}|} = \frac{1}{a}\begin{pmatrix} 1 \\ 0 \\ 0 \end{pmatrix}, \quad \boldsymbol{b}^* \equiv \frac{1}{b}\cdot\frac{\boldsymbol{c}\times\boldsymbol{a}}{|\boldsymbol{c}\times\boldsymbol{a}|} = \frac{1}{b}\begin{pmatrix} 0 \\ 1 \\ 0 \end{pmatrix} \quad (4.26)$$

$\boldsymbol{a}^*, \boldsymbol{b}^*$ を基本並進ベクトルとして張る空間で，次のベクトルを定義する．

$$\boldsymbol{g}_{h,k}^* \equiv h\cdot\boldsymbol{a}^* + k\cdot\boldsymbol{b}^* \tag{4.27}$$

このベクトルは，式(4.26)を見てわかるように逆空間と呼ばれる「長さの逆数の空間」において定義されている．そして，格子を特徴付ける'格子定数' $a, b$ の逆数の大きさをもつ基本並進ベクトル $\boldsymbol{a}^*, \boldsymbol{b}^*$ の和によって表現される．$h, k$ を整数であるとすれば，$\boldsymbol{g}_{h,k}^*$ は(長さ)$^{-1}$ の空間で格子を形成している．したがって，$\boldsymbol{g}_{h,k}^*$ の格子を'**逆格子**'と呼ぶ．一方，式(4.13)で表現される格子の並進ベクトル $\boldsymbol{R}_{m,n}=m\boldsymbol{a}+n\boldsymbol{b}$ (ここで $m, n$ は整数)は，「長さの空間」において定義される．「長さの空間」を**実空間**と呼ぶ．そして，実空間における格子を単に'**格子**'(あるいは実格子)と呼ぶ．式(4.26)の定義から，空間座標 $O\text{-}xyz$ に対して格子が回転すれば，逆格子も同時に回転することがわかる．

理解を深めるために，格子と逆格子の関係を図4.9(a),(b),(c)に示す．

## 4.2 散乱ベクトルと逆格子ベクトル

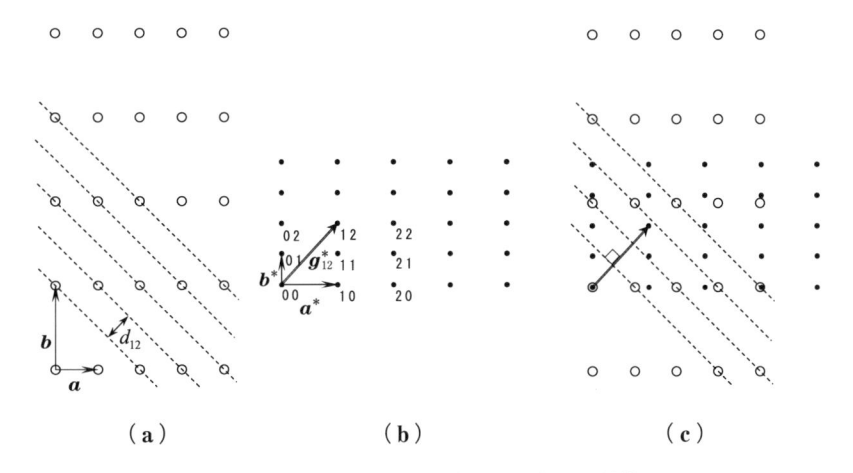

**図 4.9** 二次元格子と対応する逆格子の関係

(a)は互いに直交する基本並進ベクトルが $a, b$ の二次元格子である．白丸が格子点である．破線は周期が $d_{12}$ の一次元格子を例示している．二次元の格子には異なる周期の一次元格子を無数に対応させることができる．(b)は(a)に対応する逆格子である．黒点が逆格子点である．逆格子の基本並進ベクトルは $a^*, b^*$ である．$a^*, b^*$ は式(4.26)から導かれる．この例では $a \perp b$ なので $a^*$ は $a$ に，$b^*$ は $b$ にそれぞれ平行である．大きさは互いに逆数の関係になっている．逆格子点は式(4.27)の**逆格子ベクトル**により表現できる．図中には $g_{12}^*$ に例を示している．ここで，$(h, k) = (1, 2)$ である．このように，逆格子点は逆格子の基本並進ベクトル $a^*, b^*$ を決めることで，座標を指数 $h, k$ の組で表現することができる．逆格子点に $h, k$ の組を付与することを**指数付け**と呼ぶ．$g_{12}^*$ のベクトルは(a)の周期が $d_{12}$ の一次元格子の破線に垂直であり，大きさは $|g_{12}^*| = 1/d_{12}$ である．(c)は(a)と(b)を重ねたものである．逆格子ベクトルは，そのベクトルに垂直な方向に対応する一次元格子(破線)が対応していることがわかる．

さて，式(4.26)と式(4.27)から次の関係が導かれる．

$$\boldsymbol{a}\cdot\boldsymbol{g}_{h,k}^{*} = \begin{pmatrix} a \\ 0 \\ 0 \end{pmatrix} \cdot \begin{pmatrix} h/a \\ k/b \\ 0 \end{pmatrix} = h, \quad \boldsymbol{b}\cdot\boldsymbol{g}_{h,k}^{*} = \begin{pmatrix} 0 \\ b \\ 0 \end{pmatrix} \cdot \begin{pmatrix} h/a \\ k/b \\ 0 \end{pmatrix} = k \qquad (4.28)$$

この関係を式(4.25)と比較すると

$$\begin{cases} \Delta \boldsymbol{K} \text{ の } x \text{ 軸投影成分 } = \boldsymbol{g}_{h,k}^{*} \text{ の } x \text{ 軸投影成分} \\ \Delta \boldsymbol{K} \text{ の } y \text{ 軸投影成分 } = \boldsymbol{g}_{h,k}^{*} \text{ の } y \text{ 軸投影成分} \end{cases} \qquad (4.29)$$

の場合，言い換えると，「散乱ベクトルの $O$-$xy$ 面投影ベクトルと，逆格子ベクトルが一致した場合に強い回折強度が生じる」ことを示している．これは後に述べる Ewald の作図(4.4.3節)の根拠となっている．

## 4.3 三次元格子と物質構造

### 4.3.1 三次元における格子と逆格子

一般に，三次元実空間($r$ 空間)に存在する三次元格子の単位胞は平行六面体である．その互いに独立な3つの稜の基本並進ベクトルを

$$\boldsymbol{a}_1, \quad \boldsymbol{a}_2, \quad \boldsymbol{a}_3 \qquad (4.30)$$

とする．したがって格子の並進ベクトルは次式となる．

$$\boldsymbol{R}_{l_1,l_2,l_3} = l_1\boldsymbol{a}_1 + l_2\boldsymbol{a}_2 + l_3\boldsymbol{a}_3 \quad (\text{ここで } l_1, l_2, l_3 \text{ は整数}) \qquad (4.31)$$

次に，式(4.30)の格子の基本並進ベクトルより，次のベクトルを定義する．

$$\boldsymbol{b}_1^{*} = \frac{\boldsymbol{a}_2 \times \boldsymbol{a}_3}{\boldsymbol{a}_1\cdot(\boldsymbol{a}_2 \times \boldsymbol{a}_3)}, \quad \boldsymbol{b}_2^{*} = \frac{\boldsymbol{a}_3 \times \boldsymbol{a}_1}{\boldsymbol{a}_1\cdot(\boldsymbol{a}_2 \times \boldsymbol{a}_3)}, \quad \boldsymbol{b}_3^{*} = \frac{\boldsymbol{a}_1 \times \boldsymbol{a}_2}{\boldsymbol{a}_1\cdot(\boldsymbol{a}_2 \times \boldsymbol{a}_3)}$$
$$(4.32)$$

ここで，共通する分母は格子の単位胞の体積である．分子はすべて面積の次元をもつ．したがって，$\boldsymbol{b}_1^{*}, \boldsymbol{b}_2^{*}, \boldsymbol{b}_3^{*}$ は，(長さ)$^{-1}$ の次元をもつベクトルとなる．実は，$\boldsymbol{b}_1^{*}, \boldsymbol{b}_2^{*}, \boldsymbol{b}_3^{*}$ が逆格子の基本並進ベクトルとなる．$\boldsymbol{b}_1^{*}, \boldsymbol{b}_2^{*}, \boldsymbol{b}_3^{*}$ を稜とする平行六面体は逆空間での単位胞となる．任意の逆格子ベクトルは次式で表現できる．

$$\boldsymbol{g}_{hkl}^{*} = h\boldsymbol{b}_1^{*} + k\boldsymbol{b}_2^{*} + l\boldsymbol{b}_3^{*} \quad (\text{ここで } h, k, l \text{ は整数}) \qquad (4.33)$$

格子の基本並進ベクトル $\boldsymbol{a}_i (i=1,2,3)$ と，逆格子の基本並進ベクトル $\boldsymbol{b}_j^{*} (j=$

4.3 三次元格子と物質構造　　　　　　　　　　　　67

$1, 2, 3)$ との間には次の直交関係がある．

$$a_i \cdot b_j^* = \delta_{i,j} \tag{4.34}$$

ここで，$\delta_{i,j}$ は $i=j$ のとき 1，$i \neq j$ のとき 0 であり，Kronecker(クロネッカー)のデルタと呼ばれる．

　我々は通常，長さの空間に生活している．したがって，周期的に並んだ格子を容易に思い浮かべることができる．一方，(長さ)$^{-1}$ の空間は直感的な理解が難しい．しかし上記数学的表現，式(4.31)と式(4.33)を見れば，表現する空間が異なるだけで，いずれの空間でも格子であることに気づく．実空間と逆空間とが，フーリエ変換によって互いに結ばれていることを考えれば，逆格子は逆空間における格子の別な表現方法に過ぎないといえる．

## 4.3.2　三次元格子の幾何学

　格子面と逆格子ベクトルの関係について述べる．図 4.10 に示すように，実空間で格子の基本並進ベクトル $a_1, a_2, a_3$ の始点を原点 $O$ に一致させ，これらのベクトルを，それぞれ $\frac{1}{h}, \frac{1}{k}, \frac{1}{l}$ の位置で交叉する面を考える．この面に平行な次の面は，$\frac{2}{h}, \frac{2}{k}, \frac{2}{l}$ の位置で交叉する．同様に，次々と平行な面を考える．このように定義される面を $(hkl)$ 面と呼ぶ(面は指数を(　)でくくって表現する．また，$hkl$ の組を **Miller 指数**と呼ぶ)．

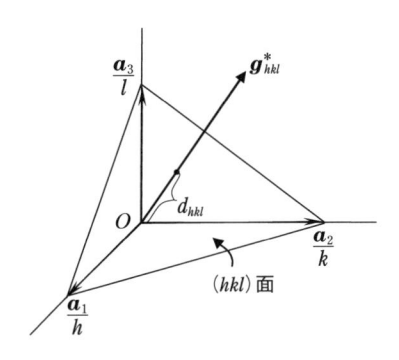

図 4.10　$(hkl)$ 格子面の定義

$(hkl)$面と逆格子ベクトルとの幾何学的関係について述べる．まず図4.10を参照して，1枚の$(hkl)$面内に含まれる互いに独立な2つのベクトルを考える．たとえば，

$$\frac{\boldsymbol{a}_1}{h}-\frac{\boldsymbol{a}_2}{k} \quad と \quad \frac{\boldsymbol{a}_1}{h}-\frac{\boldsymbol{a}_3}{l} \tag{4.35}$$

一方，整数$h'k'l'$の指数をもつ逆格子ベクトルを考える．

$$\boldsymbol{g}^*_{h'k'l'}=h'\boldsymbol{b}^*_1+k'\boldsymbol{b}^*_2+l'\boldsymbol{b}^*_3 \tag{4.36}$$

そして，式(4.35)のベクトルとの内積をとる．式(4.34)を参照して

$$\left(\frac{\boldsymbol{a}_1}{h}-\frac{\boldsymbol{a}_2}{k}\right)\cdot\boldsymbol{g}^*_{h'k'l'}=\frac{h'}{h}-\frac{k'}{k},\quad \left(\frac{\boldsymbol{a}_1}{h}-\frac{\boldsymbol{a}_3}{l}\right)\cdot\boldsymbol{g}^*_{h'k'l'}=\frac{h'}{h}-\frac{l'}{l} \tag{4.37}$$

ここで，$h', k', l'$が$h, k, l$にそれぞれ等しければ，式(4.37)の各右辺は0となる．言い換えると，$(hkl)$面内に含まれる互いに独立な2つのベクトルは，それぞれ1つの逆格子ベクトル$\boldsymbol{g}^*_{hkl}$に垂直となる．つまり，逆格子ベクトル$\boldsymbol{g}^*_{hkl}=h\boldsymbol{b}^*_1+k\boldsymbol{b}^*_2+l\boldsymbol{b}^*_3$は常に$(hkl)$面に垂直となる．

続いて，隣り合う$(hkl)$面の間隔(面間隔)を求める．原点$O$から$(hkl)$面へ下した垂線の長さ$d_{hkl}$は次式で計算できる．

$$d_{hkl}=\frac{\boldsymbol{a}_1}{h}\cdot\frac{\boldsymbol{g}^*_{hkl}}{|\boldsymbol{g}^*_{hkl}|}=\frac{1}{|\boldsymbol{g}^*_{hkl}|} \quad すなわち \quad \boxed{|\boldsymbol{g}^*_{hkl}|=\frac{1}{d_{hkl}}} \tag{4.38}$$

つまり，逆格子ベクトルの大きさは面間隔の逆数に等しい．

本節の最後に，結晶の方向の定義について述べる．格子の基本並進ベクトル$\boldsymbol{a}_1, \boldsymbol{a}_2, \boldsymbol{a}_3$をもとに，次のベクトルを定義する．

$$u\boldsymbol{a}_1+v\boldsymbol{a}_2+w\boldsymbol{a}_3 \tag{4.39}$$

このベクトルの向く向きが$[uvw]$方向である．結晶学では方向を[ ]で表現する．結晶の方向の定義において注意すべき点は，「**実格子の基本並進ベクトルを基に定義される**」ことである．逆格子も逆空間における格子であるから，逆格子の基本並進ベクトルによって方向を定義してもよいと思うかもしれないが，これは間違いである．ただし立方格子の場合は，$\boldsymbol{a}_1//\boldsymbol{b}^*_1, \boldsymbol{a}_2//\boldsymbol{b}^*_2, \boldsymbol{a}_3//\boldsymbol{b}^*_3$となっているので，たまたま$[hkl]$方向が逆格子ベクトル$\boldsymbol{g}^*_{hkl}$の向きと一致し，$[hkl]$方向が$(hkl)$面に垂直な向きを示す．この偶然が，あたかも逆格子

の基本並進ベクトルを基に結晶の方向を定義してもよい，と誤って考えてしまう理由である．他の種類の格子，たとえば六方格子などでは基本並進ベクトルが必ずしも互いに直交しない．そして，$[hkl]$方向は逆格子ベクトル $g^*_{hkl}$ と必ずしも平行ではない．

## 4.3.3 三次元格子の例（立方晶）

具体的な例として図4.11に3種類の立方格子を示す．単位胞は立方体である．各辺は直交し，長さは等しい．辺の長さを $a_0$（格子定数）とする．

（a）単純立方格子(sc)　（b）体心立方格子(bcc)　（c）面心立方格子(fcc)

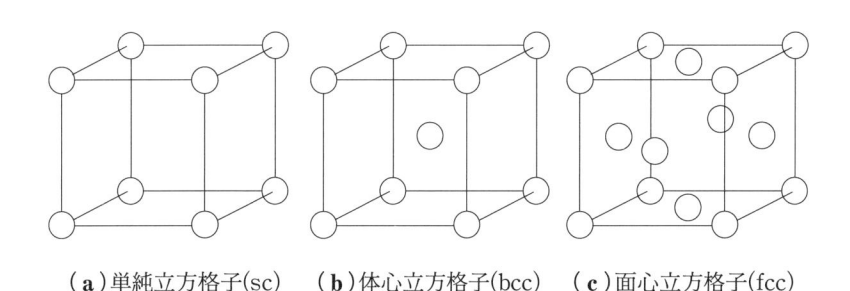

図4.11　3種類の立方格子

まず，図4.11(a)の**単純立方格子**(simple cubic：sc)を考える．一見すると立方体の8つの角に散乱体（たとえば原子）があると思われる．しかし，三次元の格子全体は単位胞の並進操作の繰り返しによって作られるので，単位胞としては立方体の中にただ1つの散乱体が含まれるだけで十分である．立方体の1つの角に原点をとって，各辺に平行に $xyz$ 軸となる直交座標系をとる．そして1つの散乱体の座標を，$a_0$ を単位として次式で表現する．

$$\begin{pmatrix} x_1 \\ y_1 \\ z_1 \end{pmatrix} = \begin{pmatrix} 0 \\ 0 \\ 0 \end{pmatrix}, \quad j=1 \text{のみ} \qquad \text{単純立方格子の場合} \qquad (4.40)$$

一方，**体心立方格子**(body-centered cubic：bcc)および**面心立方格子**(face-centered cubic：fcc)に対する散乱体の座標は，それぞれ次のように与えられ

る．

$$\begin{pmatrix}x_1\\y_1\\z_1\end{pmatrix}=\begin{pmatrix}0\\0\\0\end{pmatrix},\quad \begin{pmatrix}x_2\\y_2\\z_2\end{pmatrix}=\begin{pmatrix}1/2\\1/2\\1/2\end{pmatrix}\quad 体心立方格子の場合 \qquad (4.41)$$

$$\begin{pmatrix}x_1\\y_1\\z_1\end{pmatrix}=\begin{pmatrix}0\\0\\0\end{pmatrix},\quad \begin{pmatrix}x_2\\y_2\\z_2\end{pmatrix}=\begin{pmatrix}0\\1/2\\1/2\end{pmatrix},\quad \begin{pmatrix}x_3\\y_3\\z_3\end{pmatrix}=\begin{pmatrix}1/2\\0\\1/2\end{pmatrix},\quad \begin{pmatrix}x_4\\y_4\\z_4\end{pmatrix}=\begin{pmatrix}1/2\\1/2\\0\end{pmatrix}$$

面心立方格子の場合 (4.42)

そして，三次元格子の結晶構造因子 $F(h, k, l)$ は二次元格子の場合の式(4.21)と同様に，$Z$ を単位胞中の散乱体の数として，次式で与えられる．

$$\boxed{F(h, k, l) = \sum_{j=1}^{Z} f_i \cdot e^{2\pi i(hx_j+ky_j+lz_j)}} \qquad (4.43)$$

上記3種類の立方格子について結晶構造因子を計算してみる．散乱体の散乱振幅がすべて等しく $f_j \equiv f$ とする．単純立方格子の場合は

$$F_{sc}(h, k, l) = f \cdot e^{2\pi i(h\cdot 0+k\cdot 0+l\cdot 0)} \qquad 単純立方格子の場合$$

したがって，すべての $hkl$ 逆格子点での結晶構造因子は $f$ となる．回折強度は $|f|^2$ となる．

体心立方格子の場合は次式となる．

$$\begin{aligned}F_{bcc}(h, k, l) &= f \cdot (e^{2\pi i(h\cdot 0+k\cdot 0+l\cdot 0)} + e^{2\pi i(h/2+k/2+l/2)})\\ &= f \cdot (1+e^{\pi i(h+k+l)})\\ &= f \cdot (1+(-1)^{(h+k+l)})\\ &= \begin{cases}2f & \text{when}\quad h+k+l = \text{even}\\ 0 & \text{when}\quad h+k+l = \text{odd}\end{cases}\end{aligned}$$

体心立方格子の場合 (4.44)

この場合，結晶構造因子が有限な値 ($2f$) をもつ逆格子点と，0となる逆格子点とが現れる．$h+k+l=$even の条件を満たす逆格子点としては $hkl$ が 000, 200, 211, 220, 310, ……等がある．

面心立方格子の場合は次式となる．

$$F_{\text{fcc}}(h, k, l) = f \cdot (1 + e^{2\pi i(k/2 + l/2)} + e^{2\pi i(h/2 + l/2)} + e^{2\pi i(h/2 + k/2)})$$
$$= f \cdot (1 + (-1)^{k+l} + (-1)^{h+l} + (-1)^{h+k})$$
$$= \begin{cases} 4f & \text{when} \quad h, k, l = \text{all even and/or all odd} \\ 0 & \text{for other than above} \end{cases}$$

面心立方格子の場合      (4.45)

この場合,指数の偶奇が非混合の場合は有限値($4f$)をとり,その他は0となる.非混合の場合とは,$hkl$ が 000, 111, 200, 220, 311, 222, …… 等の場合である.そして,いずれの格子の場合も観測強度は |結晶構造因子|$^2$ に比例する.立方格子について,逆格子点が有限な強度をもつ条件は表4.1のように分類できる.×印は逆格子点の回折波強度が零となることを示す.格子の種類によって,強度が観測される指数に差異があることがわかる.理由は,単位胞中の散乱体の配置,すなわち単位胞の対称性が異なるためであり,散乱体の配置がフ

表4.1 立方格子の場合の消滅則

| $h^2 + k^2 + l^2$ | 単純立方格子<br>(sc lattice) | 体心立方格子<br>(bcc lattice) | 面心立方格子<br>(fcc lattice) |
|---|---|---|---|
| 1 | 100 | × | × |
| 2 | 110 | 110 | × |
| 3 | 111 | × | 111 |
| 4 | 200 | 200 | 200 |
| 5 | 210 | × | × |
| 6 | 211 | 211 | × |
| 7 | × | × | × |
| 8 | 220 | 220 | 220 |
| 9 | 300, 221 | × | × |
| 10 | 310 | 310 | × |
| 11 | 311 | × | 311 |
| 12 | 222 | 222 | 222 |
| ⋮ | ⋮ | ⋮ | ⋮ |

ーリエ変換された結晶構造因子に現れたためである．このような強度の有無を**消滅則**と呼ぶ．

### 4.3.4 三次元構造の投影

前節の立方格子は，格子点にただ1種類の散乱体を置いた例を考えた．本節では，もう少し複雑な単位胞をもつ結晶構造について述べる．

・**食塩型構造**(sodium chloride type of structure)

人類がX線を発見し，これを用いて初めてその原子配列を明らかにした物質は食塩である．この物質は$Na^+$と$Cl^-$のイオンから構成されている(図4.12(a))．結晶構造は格子定数$a_0=0.5639$ nmの立方格子で，原子位置は次のように与えられる．

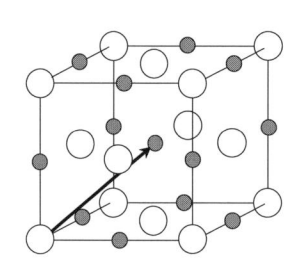

(a)食塩型構造
白丸：$Na^+$，灰色丸：$Cl^-$

(b)[110]方向への投影図

図4.12 食塩型構造とその投影図

$$\begin{pmatrix} x_j \\ y_j \\ z_j \end{pmatrix} = \begin{pmatrix} 0 \\ 0 \\ 0 \end{pmatrix}, \begin{pmatrix} 0 \\ 1/2 \\ 1/2 \end{pmatrix}, \begin{pmatrix} 1/2 \\ 0 \\ 1/2 \end{pmatrix}, \begin{pmatrix} 1/2 \\ 1/2 \\ 0 \end{pmatrix} \text{ for } Na^+,$$

$$\begin{pmatrix} 1/2 \\ 1/2 \\ 1/2 \end{pmatrix}, \begin{pmatrix} 1/2 \\ 0 \\ 0 \end{pmatrix}, \begin{pmatrix} 0 \\ 1/2 \\ 0 \end{pmatrix}, \begin{pmatrix} 0 \\ 0 \\ 1/2 \end{pmatrix} \text{ for } Cl^-$$

## 4.3 三次元格子と物質構造

Na$^+$ の位置は，式(4.42)の面心立方格子と同じである．Cl$^-$ の位置は，Na$^+$ のそれぞれの位置を図中のベクトル$(1/2, 1/2, 1/2)$だけ並進させた，やはり面心立方格子となっている．すなわち，食塩型構造は Na$^+$ の fcc 格子と Cl$^-$ の fcc 格子が互いにずれて組み合わさった構造である．同じ構造の物質として酸化マグネシウム MgO がある．格子定数は $a_0=0.4213$ nm である．

さて，図4.12(a)の食塩型構造を[110]方向に投影すると，図4.12(b)に示すように白丸，灰色丸の二次元格子となる．ここで，白丸が Na$^+$ の投影原子列，灰色丸が Cl$^-$ の投影原子列にそれぞれ対応する．後に述べる，透過型電子顕微鏡では結晶を電子線が透過できるほどに薄くした試料を用いる．このとき，三次元的結晶構造は原子の投影構造，すなわち二次元格子として観察する．

### ・閃亜鉛鉱型構造(zinc-blend type of structure)

半導体デバイス等で用いられる物質として，たとえば立方晶 GaAs がある（図4.13(a)）．この場合 $a_0=0.5653$ nm であり，単位胞内の原子配置は

$$\begin{pmatrix} x_j \\ y_j \\ z_j \end{pmatrix} = \begin{pmatrix} 0 \\ 0 \\ 0 \end{pmatrix}, \begin{pmatrix} 0 \\ 1/2 \\ 1/2 \end{pmatrix}, \begin{pmatrix} 1/2 \\ 0 \\ 1/2 \end{pmatrix}, \begin{pmatrix} 1/2 \\ 1/2 \\ 0 \end{pmatrix} \text{ for Ga},$$

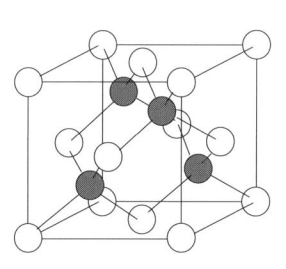

(a)閃亜鉛鉱型構造
　白丸：Ga，灰色丸：As

(b)[110]方向への投影図

図4.13　閃亜鉛鉱型構造とその投影図

$$\begin{pmatrix}1/4\\1/4\\1/4\end{pmatrix}, \begin{pmatrix}1/4\\3/4\\3/4\end{pmatrix}, \begin{pmatrix}3/4\\1/4\\3/4\end{pmatrix}, \begin{pmatrix}3/4\\3/4\\1/4\end{pmatrix} \text{ for As}$$

ここで Ga は fcc 構造である．As は相対的に $(1/4, 1/4, 1/4)$ 平行移動した fcc 構造である．この構造の [110] 方向への投影構造を，図 4.13(b) に示す．白丸が Ga，灰色丸が As の原子列投影に対応している．

## ・ダイヤモンド型構造 (diamond type of structute)

半導体として応用されている Si をはじめとして，IV 族元素の C や Ge の結晶構造はダイヤモンド型構造をとる．C, Si, Ge の順に，格子定数は $a_0 = 0.3567$ nm, $0.54301$ nm, $0.56575$ nm である．結晶構造は，図 4.13(a) の閃亜鉛鉱型構造において Ga と As の区別をなくした，図 4.14(a) に示すような構造である．[110] 方向への投影は図 4.14(b) のようになる．図 4.13(b) と比較すると，灰色丸，白丸の区別がなくなっている．

最後に，図 4.12(b)，図 4.13(b)，図 4.14(b) に示した投影図，すなわち二次元格子について述べる．それぞれの図を紙面の斜めから見て回転していくと，しばしば原子が直線的に並んで，しかもそれらが周期的に並んだ一次元回折格子のように見える．これは，二次元回折格子は一次元回折格子の組み合わせでできていることを示している．

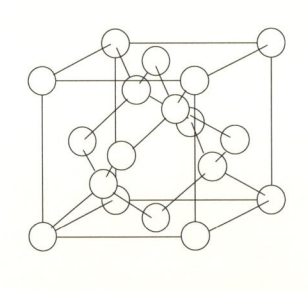

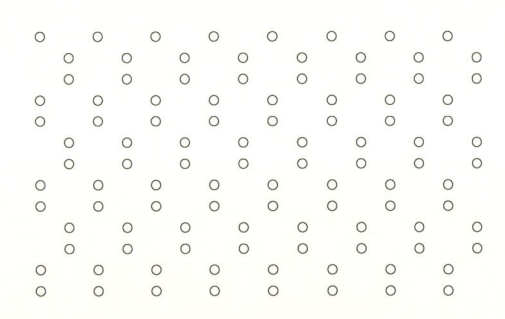

(a) ダイヤモンド型構造　　　(b) [110] 方向への投影図

図 4.14　ダイヤモンド型構造とその投影図

## 4.4 回折実験と逆格子

前節までに,主として式を用いて,実空間の格子が逆空間では逆格子として表現できることを学んだ.工学,自然科学では,数学(式)をイメージ(絵)として理解することが大切である.言いかえると,読者が数学を簡単な絵に描くことができない場合は,その数学を十分に理解したとは言い難いのである.数学は言葉(記号)であり,言葉が相手に通じるのは相手もイメージを共有している場合なのである.

本節ではまず,格子と対応する逆格子を図示する.格子と逆格子の数学的記述を具体的なイメージとして捕らえることが目的である.さらに,回折条件を実空間の絵で描く.回折条件とは,要するに異なる回折波の位相差が波長の整数倍になることで波が強め合うことと等価であることを理解する.そして,回折条件を逆空間で表現したEwaldの作図を示し,実際の実験配置との幾何学的関係を示す.

### 4.4.1 格子とその逆空間での表現

図4.15に一次元回折格子(a)と対応する逆格子(b)を示す.(a)の$x$軸方向の周期は$d$である.これをフーリエ変換して逆空間で表現したものが(b)である.$k_x$軸方向に周期$1/d$で並んだ黒点が逆格子点である.(b)で$k_x$軸を$1/d$を単位として測ると,逆格子点の座標は整数の指数$h=0, \pm1, \pm2$で表現できる.格子の基本周期を決めて,その逆数の周期で逆格子点の座標を指数で表現する方法は,以下に述べる他の格子の例についても同様である.さて,(a)の格子の散乱体(たとえば黒い線)は$y$軸方向に十分に長く延びているものとする.すなわち,散乱体の$y$軸方向の長さは$\infty$とみなせるので,逆空間$k_y$軸方向では$1/\infty=0$となっている.したがって,$k_y$軸方向に指数を付けることができない.実空間$O\text{-}xy$と逆空間$O\text{-}k_xk_y$は異なる次元の空間であるが向きは共通で$x$軸$//k_x$軸,$y$軸$//k_y$軸である.$k_x$軸(もしくは$h$軸)の原点は逆格子の原点と一致している.これに対し(a)の格子の原点はどこにとっても

(a) 一次元格子　　　　　　　　　(b) 逆格子

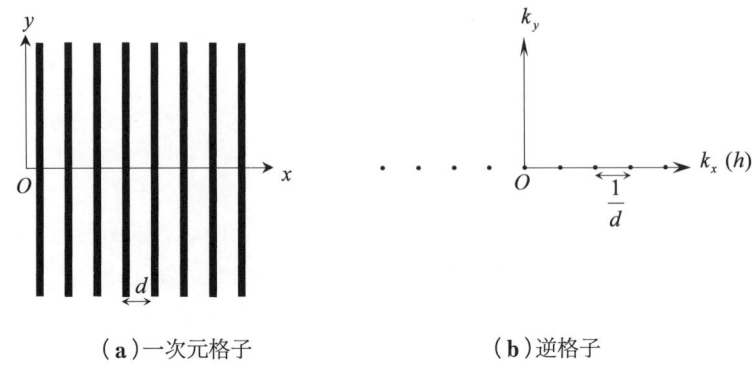

図 4.15　一次元格子および対応する逆格子

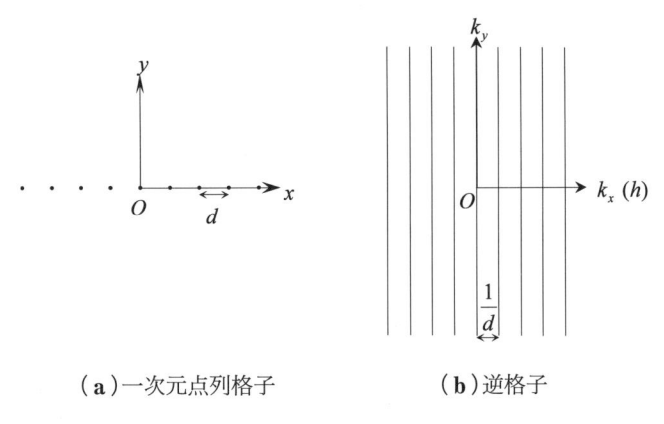

(a) 一次元点列格子　　　　　　　(b) 逆格子

図 4.16　一次元点列格子および対応する逆格子

よい．これは格子が並進対称性を有しているからである．原点のとり方の任意性は，結晶構造因子の計算において格子全体に等しい位相因子を乗ずることに対応する．

図 4.15(a) では，格子の散乱体が $y$ 軸方向に無限に延びた一次元格子を説明した．同じ一次元格子でも，図 4.16(a) に示すように散乱体の点列が $x$ 軸方向に周期 $d$ で並んだ一次元格子の逆空間での表現は図 4.16(b) のようにな

る．$k_x$ 軸(もしくは $h$ 軸)方向では図 4.15(b)と同様である．$k_y$ 軸方向では各逆格子点が延びている．これは，格子の $y$ 軸方向の長さが 0 であり，対応する $k_y$ 軸方向では $1/0=\infty$ となるからである．この延びた逆格子点をロッドと呼び，$h$ の指数を付けて区別する．

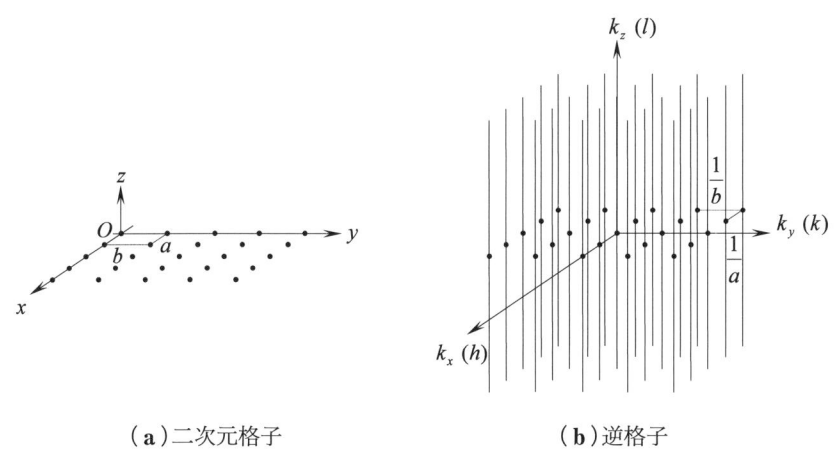

(a) 二次元格子　　　　　　(b) 逆格子

図 4.17　二次元格子および対応する逆格子

次に，図 4.17(a)に示すような二次元格子を考える．$x$ 軸，$y$ 軸方向にそれぞれ $a, b$ の基本周期をもち，$z$ 軸方向には厚さ 0 である．このような平面的二次元格子は，たとえば光学の回折格子や固体表面の原子配列として実際に存在する．逆空間での表現を図 4.17(b)に示す．$k_z$ 軸方向にロッドが延び，$O$-$k_x k_y$ 面とは $1/a, 1/b$ の基本周期で二次元配列した逆格子点で交叉している．各ロッドの指数は $hk$ で与えられる．

さらに，図 4.17(a)の二次元格子を $z$ 軸方向に基本周期 $c$ で繰り返すと図 4.18(a)に示す三次元格子ができ上がる．単位胞の各格子定数を $a, b, c$ とする．この三次元実格子をフーリエ変換すると図 4.18(b)の三次元逆格子となる．逆格子点の分布は $k_x, k_y, k_z$ 軸それぞれに沿って基本周期 $1/a, 1/b, 1/c$ をもっている．したがって，逆格子点の座標は $k_x, k_y, k_z$ 軸それぞれに沿って基本周期 $1/a, 1/b, 1/c$ を単位として，指数 $hkl$ により表現できる．逆格子点の指

(a)三次元格子　　　　　　（b)逆格子

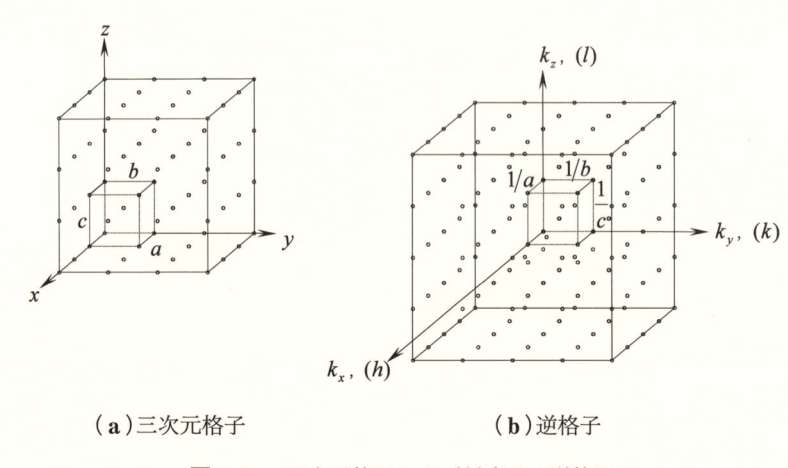

図4.18　三次元格子および対応する逆格子

数 $hkl$ は 4.3.2 節で述べた Miller 指数である．逆格子ベクトル $g^*_{hkl}$ は逆格子原点を始点とし，$hkl$ 逆格子点を終点とするベクトルであり，実格子の $(hkl)$ 面に垂直で，その面間隔 $d_{hkl}$ の逆数 $1/d_{hkl}$ の大きさをもっている．

### 4.4.2　回折波が強め合う条件（実空間での理解）

4.1.2 節で一次元回折格子のフーリエ変換について考察した．回折角 $\gamma > 0$ の場合に，回折波が強め合う条件は式(4.8)より

$$d \sin \gamma = m\lambda \quad (m=1, 2, \cdots) \tag{4.46}$$

この条件を作図すると図4.19のようになる．スリットが周期 $d$ で並んでいる．波数ベクトル $\boldsymbol{k}_0$ の平面波が左から入射し，各開口部分から球面波が回折波として発生する．この球面波の特に散乱角 $\gamma$ の波数ベクトル $\boldsymbol{k}$ をもつ成分だけを考える．隣り合うスリットの等価位置からの回折波の位相差は図より $d \cdot \sin \gamma$ で与えられる．したがって，式(4.46)の条件は回折波の位相差が波長の自然数倍となることと等価であることがわかる．この幾何学的関係は二次元格子においても成立する．

## 4.4 回折実験と逆格子

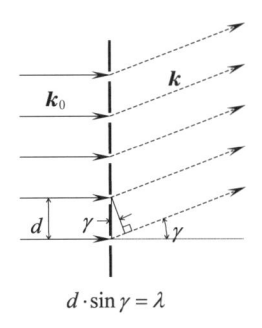

$$d \cdot \sin\gamma = \lambda$$

図 4.19　一次元格子の回折条件

$$2 \cdot d_{hkl} \sin\theta_B = \lambda$$

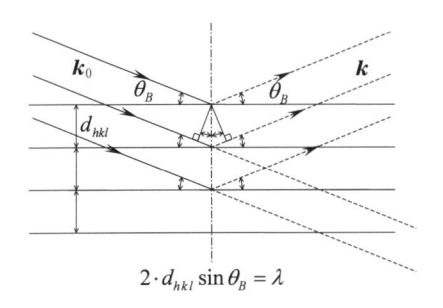

図 4.20　三次元格子の回折条件

　一方，三次元格子における回折条件(回折波の強め合う条件)では，隣り合う格子面からの回折波の位相差が問題となる．図 4.20 により考察する．水平に平行な線は面間隔 $=d_{hkl}$ の $(hkl)$ 面を表し，1 点破線は $(hkl)$ 面の法線である．さて，波数ベクトル $\bm{k}_0$ の平面波が $(hkl)$ 面から $\theta_B$ の照射角で入射する．そして各格子面から球面波が発生するが，この球面波の特に $(hkl)$ 面から $\theta_B$ の角度の向きの波数ベクトル $\bm{k}$ をもつ成分を考える．散乱角($\bm{k}$ と $\bm{k}_0$ のなす角度)は $2\theta_B$ である．隣り合う格子面からの回折波の位相差が波長の自然数倍のときに回折波は強め合う．すなわち

$$2d_{hkl} \cdot \sin\theta_B = n\lambda \quad (n=1, 2, \cdots) \tag{4.47}$$

これが Bragg の法則である．三次元格子の場合，格子面法線に対する入射角

度と反射角度が一致し，鏡面反射となるのでBraggの法則による回折を**Bragg反射**と呼び，$\theta_B$を**Bragg角**と呼ぶ．

### 4.4.3　Ewaldの作図

4.2節で述べたように，回折現象とは格子(物質)により入射波の波数が変化する($k_0 \to k$)現象である．この変化分が散乱ベクトル$\Delta K$である．一方，式(4.29)によると，二次元格子の逆格子ベクトル$g^*$が，散乱ベクトルを二次元格子の存在する面に投影したベクトルに一致したときに，強い回折波が観測される．散乱ベクトル$\Delta K$も，逆格子ベクトル$g^*$($|g^*|=1/d$)も，逆空間での概念であるから，幾何学的関係は逆空間で絵にすることができる．逆空間で回折条件を表現した図を**Ewaldの作図**と呼ぶ．

一次元または二次元格子の場合のEwaldの作図は図4.21のようになる．散乱過程は，半径$1/\lambda$の球面(**Ewald球**と呼ぶ)上に終点をもつ入射波の波数ベクトル$k_0$が回折波の波数ベクトル$k$に変化することであり，その変化分が$\Delta K$である．一方，逆格子の配置は次のようになる．たとえば図4.15(a)の一次元格子の場合，図4.21の逆格子原点$O$に，格子の逆空間における表現図4.15(b)の原点を一致させる．一次元または二次元格子の場合はその厚さがないので，逆格子点$G$は図4.16(b)，図4.17(b)のように延びている．その延びを図4.21では$G$から水平に延びる破線で示す．破線とEwald球との交点

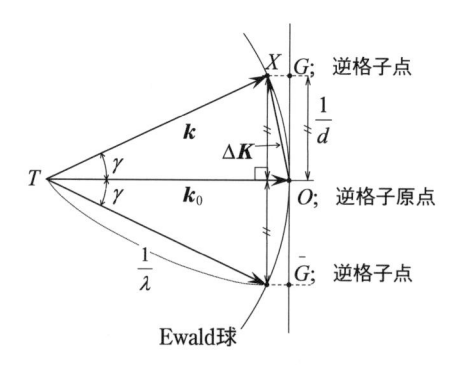

図4.21　平面回折格子のEwaldの作図

## 4.4 回折実験と逆格子

$X$ が強い回折の条件に対応する．なぜならば $X$ 点の幾何学関係は式(4.46)で $m=1$ とおいた

$$\frac{1}{\lambda}\cdot\sin\gamma = \frac{1}{d} \tag{4.48}$$

を満足しているからである．この逆空間における幾何学関係を，実際の実験配置として表現すると図 4.22 となる．実は，図 4.21 の Ewald の作図を $\lambda\cdot L$ 倍して図 4.22 となっている．実験は実空間で行うので，(長さ)$^{-1}$ の次元の逆空間に(長さ)$^2$ を掛けて(長さ)の次元にしているのである．図 4.22 で $L$ はレンズの焦点距離(カメラ長)であり，$OP$ 面がレンズの後焦点面である．したがって，$O$ 点は焦点，$P$ 点は $X$ 点の投影である．したがって，$OP$ 面に平面フィルムを置けば回折像が撮影できる．図 4.22 の作図は，すでに登場したレンズの式(3.15)を満足する．

$$\tan\gamma = \frac{R}{L} \tag{3.15}$$

したがって，「一次元や二次元の平面回折格子の解析には，式(4.48)と式(3.15)を連立させて用いる」．実際，透過型電子顕微鏡で，薄い単結晶薄膜を試料として電子線を入射した場合は，たとえば，立方晶の[110]投影を図 4.12(b)，4.13(b)，4.14(b)に示したような二次元回折格子とみなして解析する．

これに対して，三次元結晶格子に対する回折条件，すなわち Bragg 条件に

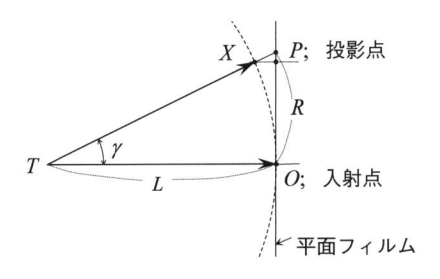

図 4.22 実験配置と回折条件

よる回折は少し事情が異なる．式(4.47)で $n=1$ とおき，次式を考える．

$$2d_{hkl}\sin\theta_B = \lambda \tag{4.49}$$

この場合の Ewald の作図を図 4.23 に示す．$k_0$ の終点に三次元逆格子の原点を置いて結晶を傾け，1つの逆格子ベクトル $g^*_{hkl}$(逆格子点 $G$)が散乱ベクトル $\Delta K$ に一致すれば，式(4.49)が満足される．ちなみに，図の一点破線は逆格子ベクトルを垂直二等分する面を表している．これは物性論でよく出てくる **Brillouin zone 境界面**に対応している．

図 4.24 は図 4.23 に対応する実験配置である．回折角は $2\theta_B$ であるから，式(3.15)がやはり成立する．したがって，Bragg 条件の回折は式(4.49)と式(3.15)を連立させて解析できる．

以上が Ewald の作図の本質である．もう少しイメージを膨らませて，実空

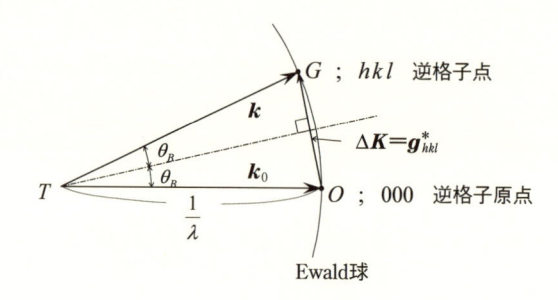

**図 4.23** Bragg 条件の Ewald の作図

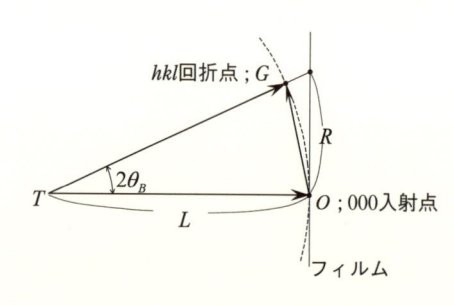

**図 4.24** Bragg 条件の実験配置

## 4.4 回折実験と逆格子

間と逆空間を重ねてみると図 4.25 のようになる．本来，異なる空間のものを 1 つの空間に表現することは誤りであるが，あえて $T$ 点に実格子を置き，$O$ 点に対応する逆格子の原点を一致させて配置する．たとえば実格子を fcc 格子とすれば，逆格子は消滅則から bcc となる(興味ある諸君は証明してみよ)．格子と逆格子の方向は常に一致している．格子を平行移動させても，逆格子は不変である．しかし格子が回転すれば，これに同期して逆格子も原点 $O$ を中心に回転する．そして，Ewald 球と逆格子点のどれかが重なると，強い回折強度が観測される条件となる．言いかえると，Ewald 球と重ならないその他の逆格子点は回折条件とは無関係となり，何も起こらない．

さらにイメージを膨らませる．さまざまな向きを向いた小さな結晶粒から成る膜を観察対象とする．膜全体に入射波を照射する．1 つ 1 つの結晶粒が膜のどこにあっても，個々の粒から回折波が発生する．結晶粒ごとに対応する方位をもった逆格子が存在する．それらの逆格子の原点は $O$ 点を共有している．

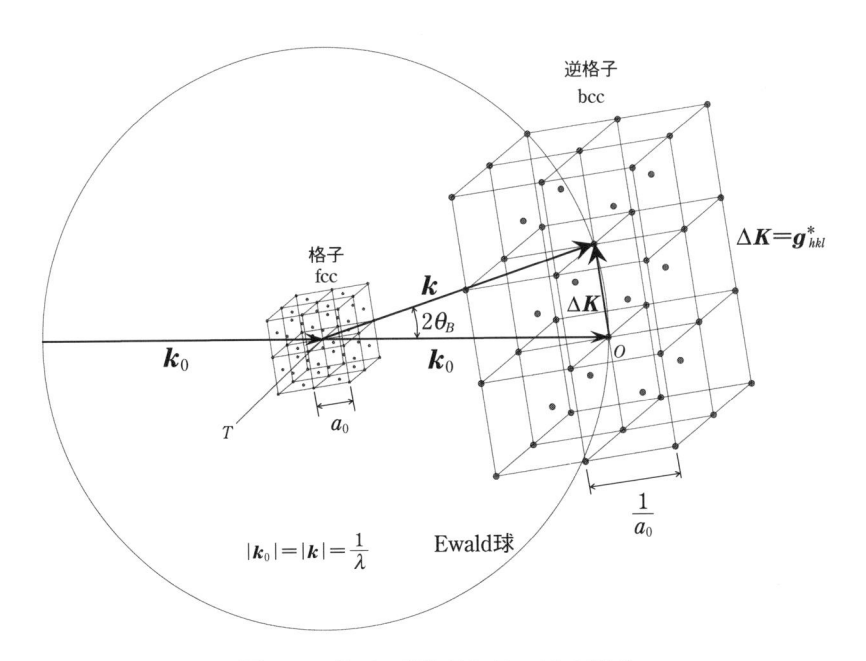

図 4.25 格子，逆格子と Ewald の作図

もし結晶粒の数が膨大であれば，個々の逆格子の逆格子点の重ね合わせは $O$ 点を中心とした同心球のように分布する．同心球の半径は逆格子ベクトルの長さに対応する．この場合の回折強度が観測される条件は，Ewald 球と同心球が交わることである．強度の有無は消滅則に従う．したがって，逆格子点が密に分布した同心球と Ewald 球とが交叉すると，半径の異なる同心円となる．図 4.24 のようにフィルムを配置すれば，そこには投影された同心円が観測される．

　この章で述べた格子の逆空間での表現，回折条件の作図，そして実験配置をよく見比べてほしい．フーリエ変換の可視化とは，回折波の角度の情報を上手にフィルム平面に投影しさえすればよいのである．フーリエ変換を眼で見ることの単純さを理解していただけたことを期待する．次章では回折実験のみならず波の干渉に関係した事例を示す．

# コヒーレント波動の実際

## 5.1 レーザー光の偏光・回折・干渉

### 5.1.1 レーザーの種類

　第1章で述べたように，レーザーを発振するためには，励起媒体の中に反転分布を形成し，通常の光吸収よりも誘導放出を優先的に起こすことと，増幅のための光共振器構造が必要である．レーザー発振のための量子光学的内容については，すぐれた解説書が多数出版されている[1,2]．

　レーザー発振のための励起媒体は，固体，液体，気体のどの状態であってもよく，その特徴によって使い分けられている．また発振の形態も，連続発振のものから，フェムト秒といった非常に短パルスのものまで多種多様なレーザーが開発されている．気体レーザーはレーザー媒質の種類が多いだけでなく，1種類の気体が多くのレーザー発振可能なエネルギーレベルをもっているので，広範な発振波長のレーザーが開発されている．気体レーザーにおける反転分布形成のための励起は，気体のプラズマ放電によってなされる．このため，気体媒体は通常放電管の中に封じ込められた構造を有している．このとき，光共振器構造を取るために図1.11に示したようにミラーで気体媒体を挟む必要がある．このミラーを直接放電管に接着した構造のレーザーを内部ミラー型，放電管とは別に外部に装着したものを外部ミラー型と呼んでいる．

　He-Neレーザーは気体レーザーの代表的なもので，主な発振波長は，3.39 μm，0.6328 μm，1.15 μmである．この中で1.15 μmの赤外レーザーは，初めて発振した気体レーザーであり，赤色の0.6328 μmのレーザー光は広く用いられている気体レーザーである．He-Neレーザーが中性気体を使用するの

に対して,イオン化した原子のスペクトルも,レーザーとして用いることが可能である.中性原子を励起してイオン化するエネルギーに比べて,イオンをさらにイオン化するエネルギーは大きい.これはイオン準位間のエネルギー間隔は広くなるためである.したがって,イオン化気体を利用したレーザーは,中性気体を利用したレーザーよりもエネルギーの高い(波長の短い)レーザーとなり,青紫から紫外域にかけてのレーザー光を得ることができる.ただし,気体イオンレーザーの場合には,励起エネルギーが大きいため大電流による放電が必要となる.したがって,レーザーシステムの冷却系が大掛かりなものとなり(通常,空冷が水冷システムを用いる),電源も含めたシステム全体が大きくなる.

代表的な気体イオンレーザーとして $Ar^+$ イオンレーザーを例示できる.$Ar^+$ イオンレーザーは,可視光領域で複数のレーザー発振が可能であり,波長の短い方から,457.9 nm,465.8 nm,472.7 nm,476.5 nm,488.0 nm,496.5 nm,501.7 nm,および 514.5 nm である.これらの発振線は,光共振器中にプリズムを挿入するなどして選択的に取り出すことができる.上記の発振線のうち,488.0 nm(青色)と 514.5 nm(緑色)の発振線の出力が最も強く,$Ar^+$ イオンレーザーの代表的な発振波長とされている.気体レーザーの中には,金属を加熱して蒸気としたものを用いる金属蒸気イオンレーザーも広く用いられている.代表的な金属蒸気イオンレーザーには **He-Cd レーザー** がある.気体である He と加熱によって蒸気化した Cd に放電してイオン化し,反転分布を形成する.代表的な波長は,325 nm と 441.6 nm であり,紫外域の 325 nm のレーザー発振は,比較的高出力で光化学反応を利用したホログラム形成などの光源としてよく用いられている.

有機化合物の電子遷移による蛍光スペクトルを利用してレーザー発振させることができる.蛍光を発する色素を適当な溶媒に溶かし溶液としたものを光共振器構造中に置き,ランプや他のレーザー光源で励起するとレーザー発振する.これは **色素レーザー** と呼ばれている.有機色素分子は,長時間光を照射すると劣化するものが多いため,通常は溶液としたものをポンプで循環させ,ノズルから板状に放出したものを励起媒体として用いる.これによって,色素の

励起光による劣化を防止する．色素レーザーの魅力は用いる色素の多様性によって広範な波長領域でのレーザーを発振ができることにある．用いられる色素は大まかに，ポリメチン系(700～1200 nm)，オキサジン系(600～780 nm)，キサンテン系(540～570 nm)，クマリン系(420～570 nm)，に分類できる．このように，色素レーザーは可視から赤外までの広範な波長域に渡って発振が可能である．

**固体レーザー**は，気体や液体のレーザーに比べてコンパクトにできる点に大きな特長がある．代表的な固体レーザーは半導体レーザーである．半導体レーザーの反転分布は，pn接合への電荷注入によって形成される．空気と半導体界面での35%程度の反射率を利用して光共振器構造が形成されるため，電流制御で，かつ反射膜の形成が不要であるという特長をもっている．半導体レーザーの発振波長は，用いる半導体のバンドギャップによっておおよそ決まり，代表的な$Al_xGa_{1-x}As$系半導体では波長600～900 nmの発振が起こる．また$Pb_{1-x}Cd_xS$，$Pb_{1-x}S_xSe$，$Pb_{1-x}Sn_xTe$，$Pb_{1-x}Sn_xSe$などのPb系の半導体を用いると，2～30 μm程度の赤外領域の発振が可能となる．さらに，波長が500 nm以下程度の短波長半導体レーザーは長らく困難とされていたが，GaN系の材料を用いることによって可能となった．この他，半導体レーザー励起のNd：YAGレーザーと非線形光学結晶を用いた全固体レーザーも安定光源として有望である．

## 5.1.2 Fraunhofer 回折の解析例

続いて，指向性の強いレーザーを用いて**Fraunhofer**(フラウンホファー)**回折**を起こさせ，第3章で学んだ図3.10に示したレンズの作用を用いて観察した例と，式(3.7)から式(3.9)を用いて計算した強度との比較を行う．まず，縦横比の異なる四角の孔からの回折像の観測結果と計算結果を図5.1に示す．観察される回折像と計算結果はよく一致している．回折光の強度分布は，幅の狭い辺の方が大きい．したがって，長方形の回折では，縦と横の関係が反転することに注意する必要がある．また，図5.2に示す丸孔からの回折では，エアリ像と呼ばれる同心円状の像が観察される．この場合も小さい孔の回折光の分布

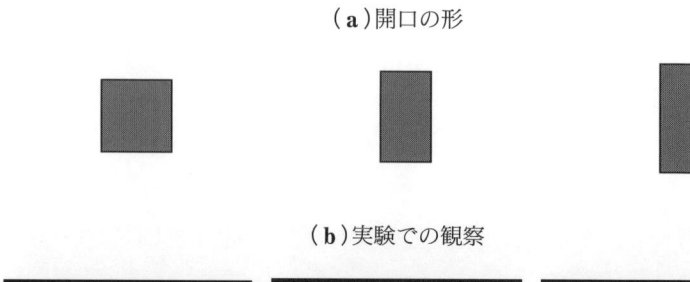

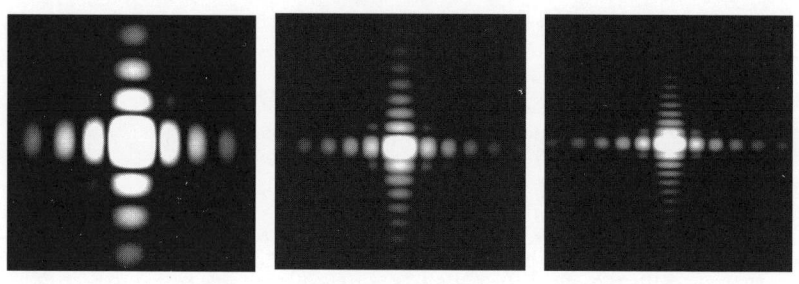

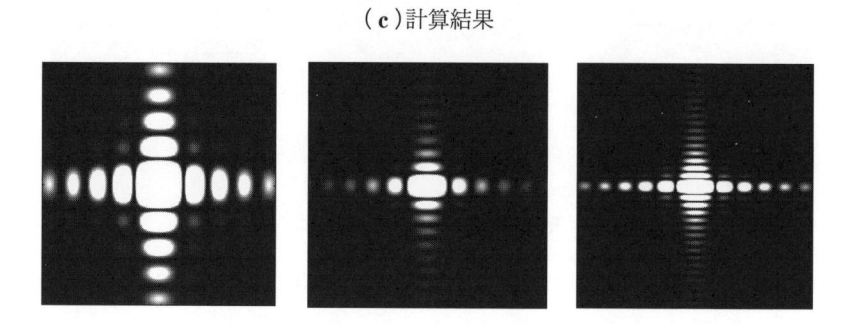

**図 5.1** 縦横比の異なる開口からの回折光の観察結果と計算結果

開口の大きさは，左から，縦×横＝200×200 μm，400×200 μm，600×200 μm，波長は 514 nm

5.1 レーザー光の偏光・回折・干渉 89

(a)開口の形

(b)実験での観察

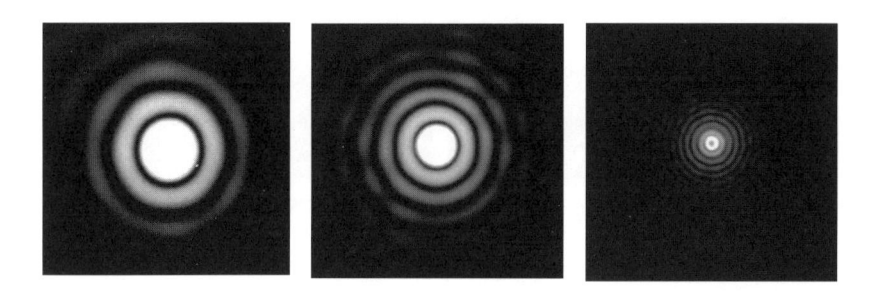

(c)計算結果

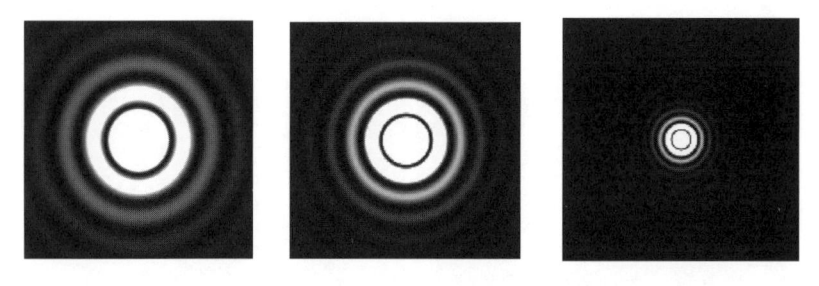

図 5.2 大きさの異なる丸孔開口からの回折光の観察結果と計算結果
開口の大きさは，左から，100 μmφ，150 μmφ，400 μmφ，波長は 514 nm

(a) 実験での観察

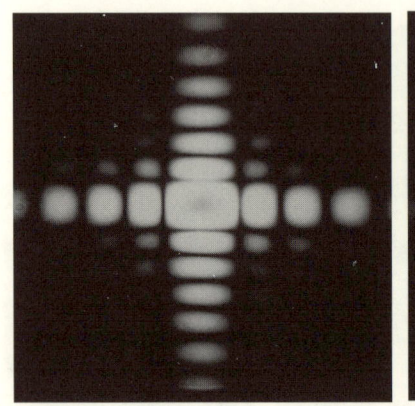

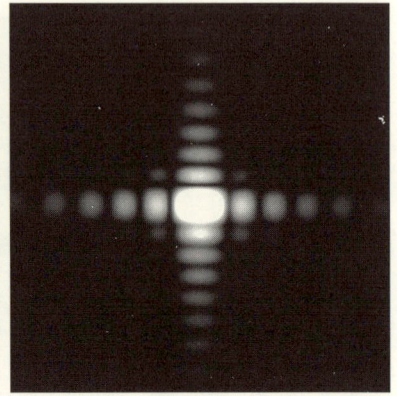

波長 633 nm　　　　　　波長 514 nm

(b) 計算結果

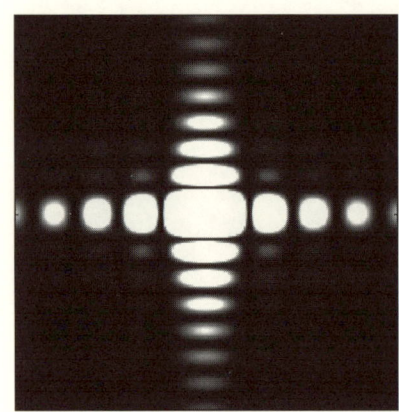

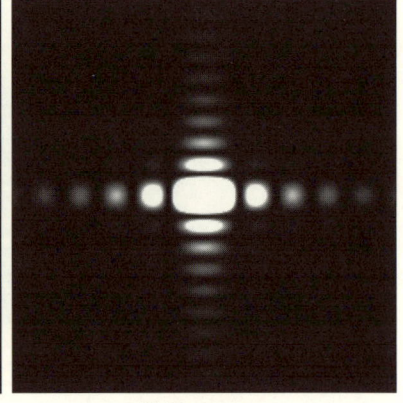

波長 633 nm　　　　　　波長 514 nm

**図 5.3　波長の違いによる回折像の違い**
縦×横＝400 μm×200 μm の長方形からの回折像を，波長 633 nm の He-Ne レーザーと波長 514 nm の Ar$^+$ レーザーを用いて観察した

## 5.1 レーザー光の偏光・回折・干渉

の方が大きい．また，図5.3は波長の違いによって回折像がどのように変わるのかを観察した結果である．波長の長いレーザー光源を用いたときに，大きな回折像が得られているのがわかる．これらの結果も計算結果と一致している．

## 5.1.3 回折格子

前節では，回折を引き起こす散乱体(開口部)が1つに限られる場合について実際の実験結果を参照しながら考察した．本節では，このような散乱体が複数ある場合について考察する．簡単のため1次元に話を限定する．

回折対象の散乱体が複数個ある場合でも，式(3.7)を用いて回折像を計算することができる．図5.4に計算結果を示した．図5.4(a)は，参考のためにスリットが1つだけの場合(式(4.3))を示しているが，スリットが2つになると，図5.4(b)で示すように図5.4(a)の回折像にさらに細かい振動構造が載った形(式(4.6)において$M \equiv 2$)になっている．これは，おのおののスリットから出た2つの光波がスリット間隔で決まる角度で交叉し干渉したためである．このことは，第1章で述べたヤングの干渉実験と同じである．干渉縞は，2つのスリットを出たおのおのの光波の光路差が波長の整数倍になるところで明状態が現れる．光路差が2光波の交叉角度によって異なることは，図5.5のような図を描いてみると明らかになる．図中において黒丸で示したところは，2光波の山と山が重なって強め合っているところであり，交叉角の小さい場合の方が大きい場合より間隔が広がっているのがわかる．このことは，図5.4(c)に示した計算結果において，2つのスリットの間隔が広がると明暗の縞の間隔が狭くなっていることに対応している．

次に，このような回折の散乱体(前述の孔でもよいし，金属のような光を反射する表面の突起物でもよいし，ガラスやプラスチックのような透明な板の表面の凹凸でもよい)の数が増えていった場合について考える．この場合も計算の方法そのものは，式(3.7)を用いて行うという原理は変わらない．回折を引き起こす散乱体が多数存在する場合には，その分布が規則的か不規則的かによって決定的に異なる現象が引き起こされる．この現象は，第1章で議論した水波の話に例えるならば，石を落とす場所が規則的に並んでいるか，あるいは全

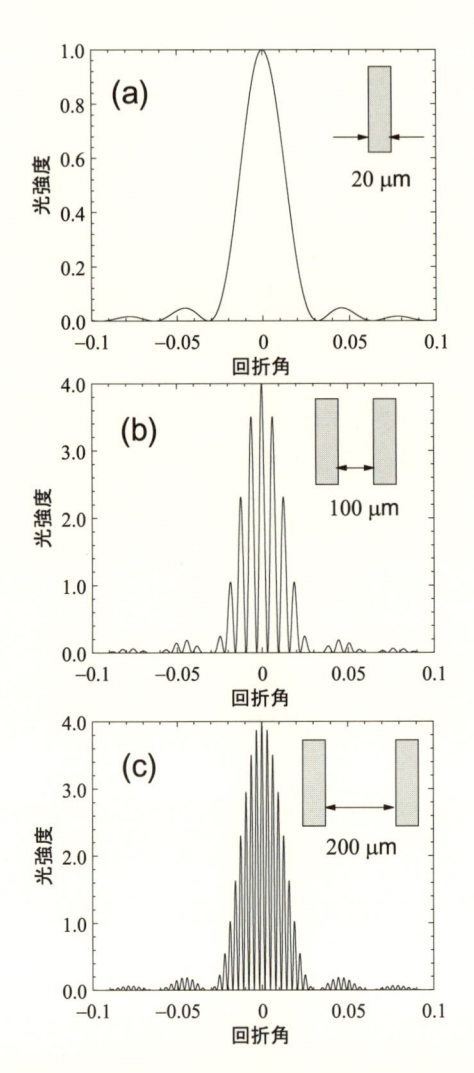

**図 5.4** 2 重スリットからの回折像の計算結果

波長を 633 nm とし,スリット 1 つの場合(a)のピーク強度を 1 に規格化している.(a) 20 μm 幅のスリットからの回折像,(b) 20 μm 幅のスリット 2 つが 100 μm 離れて置かれている,(c) 20 μm 幅のスリット 2 つが 200 μm 離れて置かれている

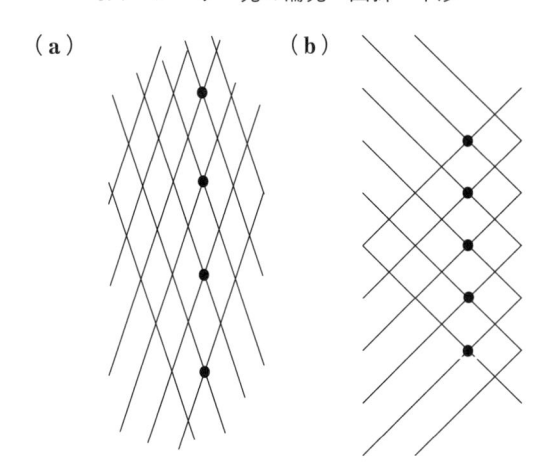

**図 5.5 交叉角の異なる場合の波動の干渉**
1本1本の線が波動の山の部分を表す．黒丸で表した点は山と山が重なり強め合っている代表的な場所を示している

く不規則的に並んでいるのか，といった場合に相当する．もし規則的に並んでいれば，複数の場所から発生した波動がお互いに強め合うことが容易に想像される．これに対して，規則性がなければ2つの組み合わせによって強め合う場所はその組み合わせによってばらばらであり，特定の場所が強め合うということはない．このように，回折を引き起こす散乱体が規則的に多数配置されたものを回折格子と呼んでいる．回折格子においては，図5.6で示すようにスリットの数を増やすと，急速に特定の回折角に回折光が集中する．最後に，プラスチックの表面に周期的な凹凸を形成した回折格子の回折像を観察した結果を図5.7に示す．1次元の回折格子の場合には，山に対して直交した方向に回折像が鮮明に観察される．また2次元の周期構造を形成した場合には，回折スポットが2次元に配列されている．

このような回折格子は，光を分波する光デバイスや，複数の波長の混ざった光波を分光する素子等に多く応用されている．

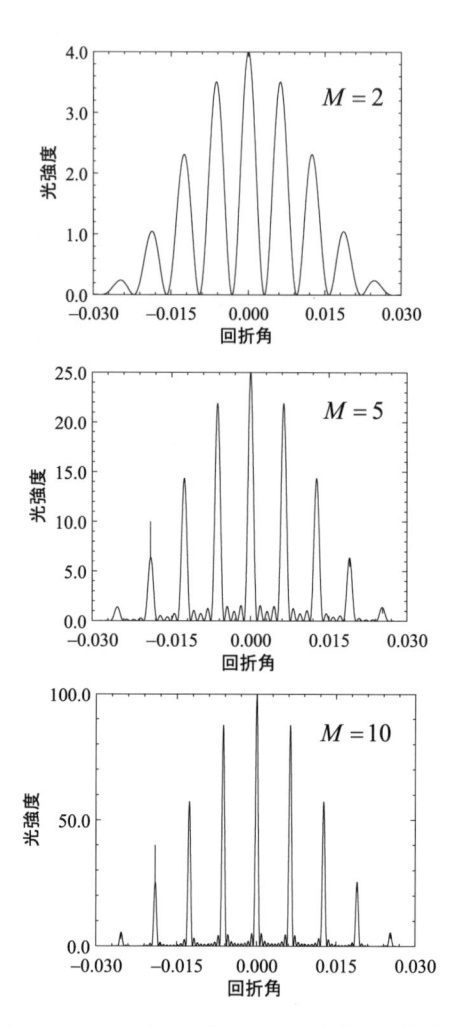

図 5.6 幅 20 μm のスリットを 1 次元的方向に周期的に 100 μm 間隔で並べたときの回折パターン
波長 633 nm. 図中 $M$ は,スリットの個数を示している

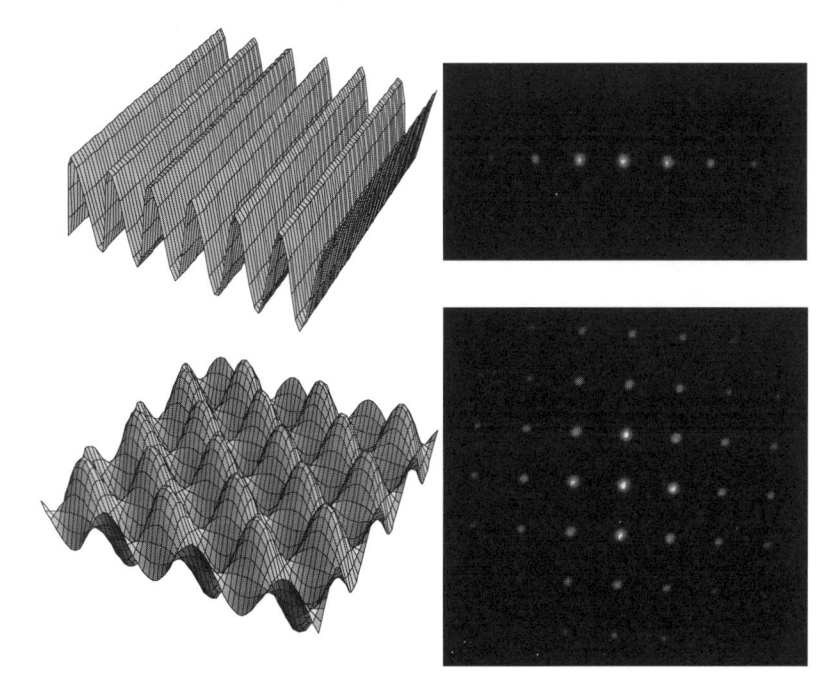

**図 5.7　1 次元および 2 次元の回折格子の回折像**
図の左側には用いた回折格子の形状を示す．実験に用いた回折格子の山から山への周期はおおよそ 16 μm である．波長は 633 nm

## 5.1.4　偏光の概念と干渉現象

　光波は電磁波であり，その記述として正弦波を取り扱ってきた．波動現象であるので，何らかの物理量の周期的振動が引き起こす現象であり，その物理量は光波の場合，電界と磁界である．電磁波は横波であり，その伝播状況は図 5.8 のように表される．波動の伝播方向 ($z$)，電界ベクトル ($E$)，磁界ベクトル ($H$) は互いに直交する関係にある．
　光波をたとえば，次のような正弦波として記述する．
$$\varphi = A \cdot \cos(\omega t - kz + \delta) \tag{5.1}$$
ここで，$\omega$ は角振動数，$k$ は波長の逆数で波数，$\delta$ は位相項である（振動数や

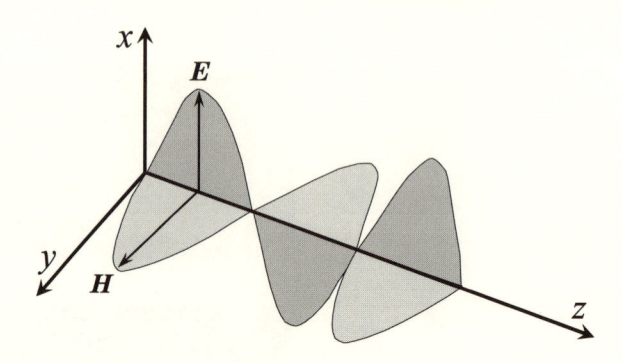

図5.8 光波伝播の様子

波数の定義は専門の分野によって異なる．位相(偏角)の取り扱いにおいて $2\pi$ をあらわに記述するか否かに違いがある．この光波の取り扱いにおいては，周期を $T$ として，$\omega=2\pi/T$，波長を $\lambda$ として，$k=2\pi/\lambda$ としている)．

式(5.1)の形で表された光波は，その振動のうちの任意の1つを取り出したものに過ぎず，スカラー波として記述したものである．しかしながら，実際の光波の伝播においては，図5.8に示されているように，振動の方向も重要な因子となる．特に，異方性を有する結晶中のような媒体中の光波の伝播を取り扱う場合には，振動の方向まで考慮した記述(ベクトル波)の概念が必要となる．ベクトル波を考える場合，電界，磁界のどちらを考えてもよいが，習慣的に電界の振動を主に記述することが多い．電界の振幅をベクトルとして取り扱うと，たとえば $z$ 軸正方向に進行する光波の電界ベクトルの各成分は

$$E_x = A_x \cdot \cos(\omega t - kz + \delta_x) \tag{5.2}$$

$$E_y = A_y \cdot \cos(\omega t - kz + \delta_y) \tag{5.3}$$

$$E_z = 0 \tag{5.4}$$

と書ける．これから，$x, y$ 面上で成分がそれぞれ $E_x, E_y$ であるベクトルの先端が時間とともに描く軌跡を求めると

$$\left(\frac{E_x}{A_x}\right)^2 + \left(\frac{E_y}{A_y}\right)^2 - 2\frac{\cos\delta}{A_x \cdot A_y} E_x \cdot E_y = \sin^2\delta \tag{5.5}$$

ただし

$$\delta = \delta_y - \delta_x \tag{5.6}$$

である．これは一般的に楕円となり，その形は $A_x, A_y, \delta$ の値によって決まり，その軌跡の形によって，楕円偏光，円偏光，直線偏光，などと呼ばれている．また，楕円偏光および円偏光には回転の向きが存在し，右回り，左回り，などと呼ばれている．回転の向きは，波動が伝播している先にいる観測者（光源の方を向いている観測者）からの回転方向によって定義される．$A = A_x = A_y$ としたときの種々の偏光状態と電界ベクトルを図 5.9 にまとめる．図 5.9 の中で直線状および円状の矢印は，電界ベクトルの時間的軌跡を現している．また，おのおのの偏光状態に対応する電界ベクトルを同時に示している．偏光の記述に対応するこのようなベクトル表示はジョーンズベクトルと呼ばれ，偏光現象を取り扱う場合に有効に用いられている[3].

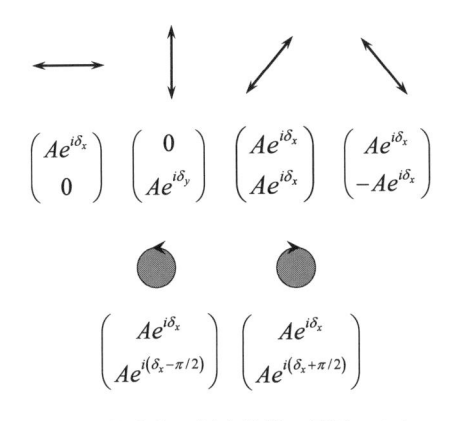

$$\begin{pmatrix} Ae^{i\delta_x} \\ 0 \end{pmatrix} \quad \begin{pmatrix} 0 \\ Ae^{i\delta_y} \end{pmatrix} \quad \begin{pmatrix} Ae^{i\delta_x} \\ Ae^{i\delta_x} \end{pmatrix} \quad \begin{pmatrix} Ae^{i\delta_x} \\ -Ae^{i\delta_x} \end{pmatrix}$$

$$\begin{pmatrix} Ae^{i\delta_x} \\ Ae^{i(\delta_x - \pi/2)} \end{pmatrix} \quad \begin{pmatrix} Ae^{i\delta_x} \\ Ae^{i(\delta_x + \pi/2)} \end{pmatrix}$$

**図 5.9** 代表的な偏光状態と電界ベクトル

図 5.5 において光波の干渉に関する記述を行ったが，光波の干渉の様子は 2 光波の偏光状態に強く依存する．例として，2 つの直線偏光が干渉する場合を取り上げる．2 つの直線偏光が干渉を起こす場合，直線偏光が互いに平行な場合と直交する場合では干渉の様子が異なる．2 光波の偏光が互いに平行な場合には，図 5.5 に示したように干渉光は明暗として現れる．それに対して，2 光波の偏光が互いに直交している場合の干渉光は，各部分での電界ベクトルの足し合わせによって解析される．例として，図 5.10 に示すように互いに直交し

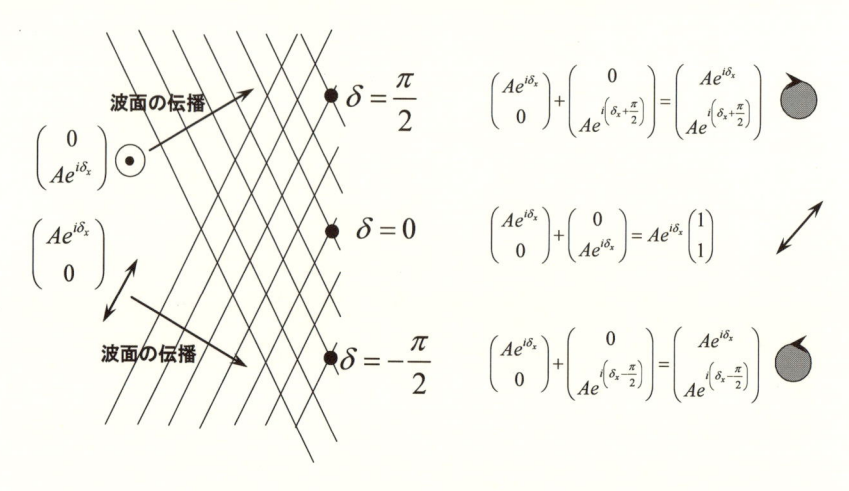

**図 5.10** 互いに直交した直線偏光の干渉の計算
図中の $\delta=0$ の点は，2 光波の位相差がゼロの点を示し，そのときの電界ベクトルの和を計算した結果をその右に記載している．また，一番右端にはその点での偏光状態を記載している

た直線偏光の干渉を考える．2 光波の電界ベクトルは，図 5.9 に示すように，それぞれ

$$\begin{pmatrix} Ae^{i\delta_x} \\ 0 \end{pmatrix}, \begin{pmatrix} 0 \\ Ae^{i\delta_y} \end{pmatrix} \tag{5.7}$$

で与えられる．おのおのの光波は波面の伝播とともに位相が進行しながら伝播するが，空間上のある点での干渉は，伝播してきた光波のお互いの位相差 $\delta$ に依存する．位相差による干渉後の光波の電界ベクトルを図 5.10 に示す．干渉光は，強度は空間的に一定であるが偏光状態が空間的に変調されているのがわかる．

図 5.10 に示されているように，偏光状態が互いに直交している 2 光波を干渉させると，干渉光の強度は一定で偏光状態が周期的に変調された干渉光が得られる．これらの結果をまとめると，図 5.11 のようになる．お互いの偏光が直線偏光で平行の場合には，干渉光はいたるところでやはり直線偏光となり，強度が変調されている．また，お互いが同じ回転方向の円偏光の場合には，や

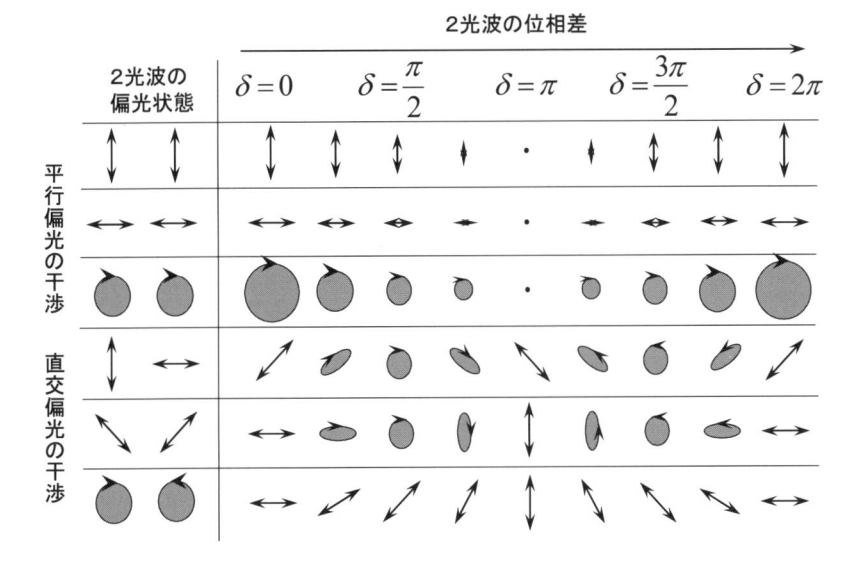

図 5.11 種々の偏光の組み合わせと干渉光

はり干渉光はいたるところで同じ円偏光となり，強度が変調されている．これらの場合には，干渉は明暗の縞として観察できる．一方，直交した偏光の干渉の場合には，強度は一定で偏光状態が変調されており，この場合には，干渉は明暗の縞としては観察されない．

## 5.2　X線回折[4-6]

### 5.2.1　X線の発生

　X線は波長が数 nm から 0.01 nm 程度の短い電磁波である．物質に対する屈折率はほとんど1であり，光波のようなレンズは作れない．しかし，フレネルレンズや原子レベルまで磨いた鏡によって集光することは可能である．したがって，X線による実験は回折実験が一般的であり，レンズによる像操作は困難である．つまり，単位胞内に物質の情報を集約して理解することは得意だが，構造欠陥などの場所的情報の表現には向いていない．

X線は，真空中で電界をかけて加速した電子を強制水冷した金属ターゲットに衝突させて発生させる．特に，金属原子の内殻電子のエネルギー準位間の遷移による決まった波長のX線を特性X線と呼ぶ．L殻からK核への遷移をK$\alpha$線，M殻からK核への遷移をK$\beta$線と呼ぶ．たとえば，CuターゲットのK$\alpha$線は波長 $\lambda_{K\alpha_1}=0.154050$ nm，$\lambda_{K\alpha_2}=0.154434$ nm，これらの相対強度の重み2：1で加重平均を取ると，$\lambda_{K\alpha}=0.154173$ nm である．この他に，電子をストレージリング内で加速して，リング途中にウィグラーと呼ばれる磁石で軌道を曲げて，そのときの制動放射により広い波長範囲に分布した連続波長X線を取り出すこともできる．この強度は十分に強いため，さらに単結晶のX線回折を原理とするモノクロメータを用いて単色X線とすることができる．

## 5.2.2　X線と原子の相互作用(原子散乱因子)

原子に入射したX線はその電場が原子内の電子を強制振動させることにより，原子から新たにX線が発生する．その散乱振幅 $f^X\left(\dfrac{\sin\theta}{\lambda}\right)$ は次式で与えられる．

$$f^X\left(\frac{\sin\theta}{\lambda}\right) = \int\rho(\bm{r})\cdot e^{\frac{2\pi i}{\lambda}(\bm{s}-\bm{s}_0)\cdot\bm{r}}d\bm{r} \tag{5.8}$$

ここで，$\bm{r}$ は原子核を原点とする電子の座標であり，被積分関数の $\rho(\bm{r})$ は原子核の周りに分布している電子の数密度分布関数である．$\bm{s}_0$ および $\bm{s}$ は式(4.22)に見るように，それぞれ入射波の波数ベクトルおよび散乱波の波数ベクトルの向きをもつ単位ベクトルである．式(4.22)，(4.24)を用いて

$$f^X\left(\frac{\sin\theta}{\lambda}\right) = \int\rho(\bm{r})\cdot e^{2\pi i(\bm{k}-\bm{k}_0)\cdot\bm{r}}d\bm{r} = \int\rho(\bm{r})\cdot e^{2\pi i\Delta\bm{K}\cdot\bm{r}}d\bm{r} \tag{5.9}$$

ここで，X線原子散乱因子は電子の数密度分布関数のフーリエ変換に対応していることがわかる．実際の原子で電子分布が球対称性をもつとした場合のX線原子散乱因子を見てみる．次節で酸化マグネシウムのX線回折の事例を述べるので，ここではCuの $\lambda_{K\alpha}$ 線が $Mg^{2+}$ と $O^{2-}$ イオンに入射した場合を示す．結果は図5.12のようになる[7]．原点に原子(イオン)があり，原点に左からX線が入射し，散乱する．散乱振幅(X線原子散乱因子)は原点から動径方

## 5.2 X線回折

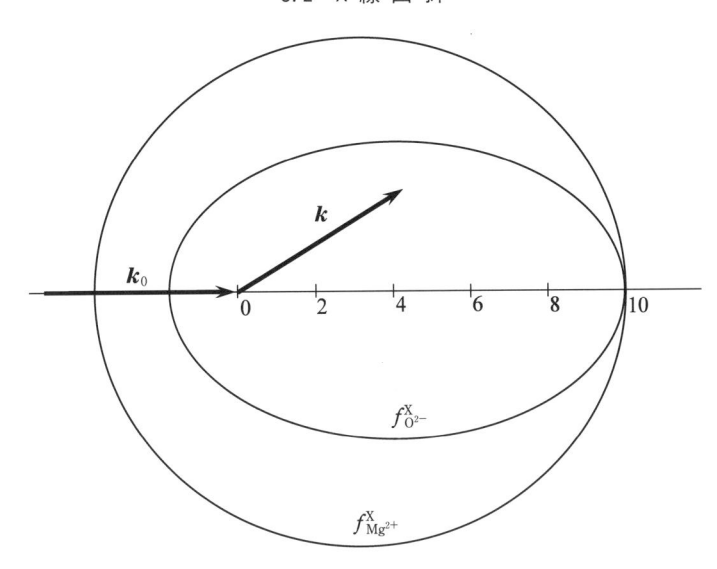

**図5.12** X線原子散乱因子

向の距離に対応させてある．いずれのイオンでも前方散乱の散乱振幅は最大で10である．散乱振幅が同じ値ととるのは，MgとOの中性原子の原子番号はそれぞれ12と8であるが，イオン化によりそれぞれ同じ10個の電子をもつことになるからである．

個々の原子からの回折波は上記の通りであるが，原子が結晶構造を作るとそれらの原子からの回折波は空間的に位相差が生じて重なり合う．この事情は式(4.43)の結晶構造因子を計算することに対応する．

### 5.2.3 ディフラクトメータ（酸化マグネシウムの例）

粉末あるいは多結晶膜などの試料の構造解析には，ディフラクトメータと呼ばれる装置が用いられる．その幾何学を図5.13に示す．$O$点を中心に円（ディフラクトメータ円：通常その半径$R_D$は185 mm）を考え，円周上の$X$点にX線源を置く．$X$点から発生するX線を適当なスリット（ダイバージェンススリット：DS）によりX線の発散角度（$2\beta$）を選択する．$O$を通り紙面に垂直

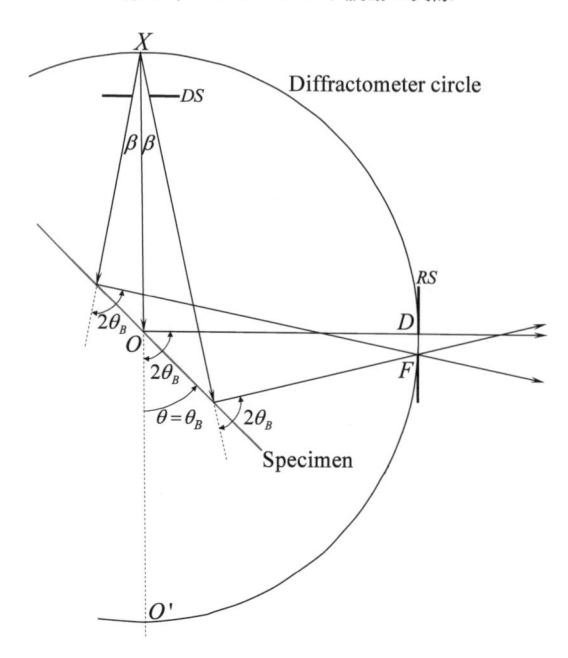

**図 5.13** ディフラクトメータの幾何学

な軸上に試料の表面が配置され，その軸の周りに回転する．試料の回転角を，$OX$ を結ぶ直線から $\theta$ とする．もし，試料の結晶面が式(4.47)の Bragg 条件を満足すれば，試料の場所場所で図に示すように散乱角 $2\theta_B$ の X 線回折が起こる．$\theta = \theta_B$ の場合だけ，$X$ 点より $\pm\beta$ の別々の方向に発散した X 線からの回折波がディフラクトメータ円上の $F$ 点に収束する．中心 $O$ 点に入射し，$2\theta_B$ で回折した波は $D$ 点でディフラクトメータ円と交差する．発散角 $2\beta$ が 1 deg 程度の実際の実験条件の場合，$D$ 点と $F$ 点の距離は 0.1 mm 程度の小さな幅でしかない．ここに細いスリット（レシービングスリット：RS）を置き，その後に X 線検出器を置いて観測する．常に試料の角度 $\theta$ の 2 倍の角度に検出器があるように，試料と検出器を同時に回転させることで，発散 X 線を使っても細く収束した回折線を測定することができる．この試料と検出器の走査法を $\theta$-$2\theta$ スキャン法と呼ぶ．このときの実験装置の配置は，図 4.24 の回折

## 5.2 X線回折

条件の幾何学関係を $\lambda \cdot R_D$ 倍したことに対応する．すなわち，図5.13の $X$ 点から $O$ 点への直線の延長とディフラクトメータ円と交点 $O'$ 点に $\lambda \cdot R_D$ 倍した逆格子の原点を置き，その長さの次元での逆格子の逆格子点がディフラクトメータ円と交差したときが回折条件となっている．

さて，小学校の理科の時間にマグネシウムリボンを燃やした経験をもっている読者もいるであろう．あのときの白い煙，すなわち酸化マグネシウムの粉を試料とし，ディフラクトメータにより測定したX線回折パターンを図5.14に示す．X線源としてはCuターゲットから発生したX線をNiフィルターにより $K\beta$ 線を十分減衰させた $CuK\alpha$ 線を用いている．横軸が回折角 $2\theta$ で，特定の角度にピークが現れている．高角度側にいくほどピークが非対称になり，さらにはほぼ2：1の強度比に分裂している．これは，$K\alpha_1$ と $K\alpha_2$ の波長と強度の差異が原因である．図中の各ピークに付した指数は食塩型結晶であるMgO結晶の格子面指数を表している．

一方，表5.1にMgOの結晶構造，その格子定数，加えて $Mg^{2+}$ と $O^{2-}$ の散乱振幅を仮定した場合のX線回折強度計算を示す．まず，4.3.4節，図4.12（a）に示した食塩型構造のイオンの座標を式（4.43）の結晶構造因子に代入すると，面心立方格子の消滅則が得られる．したがって，可能な $h, k, l$ はすべてが奇数か，すべてが偶数の場合となる．立方格子の場合の面間隔は

$$d_{hkl} = a_0/\sqrt{h^2+k^2+l^2} \tag{5.10}$$

により計算する．ここで，$a_0$ は格子定数である．MgOの格子定数は $a_0 = 0.4213\,\mathrm{nm}$ である．続いて，$\lambda = 0.154178\,\mathrm{nm}$（$CuK\alpha$ 線の重みつき平均の波長）より $\sin\theta/\lambda$ を計算し，Braggの式より回折角度 $2\theta_B$ が求まる．図5.14の角度と比較すればよい一致が見出せる．さらに図5.12の原子散乱因子を計算し，式（4.43）から結晶構造因子 $F(h, k, l)$ が導かれる．ここで，各反射の多重度 $m$ を計算する．これは逆格子点原点から同じ距離にある逆格子点の数を示している．さらに次式で与えられるディフラクトメータの場合のローレンツ偏光因子を計算する．

$$L.P. = (1+\cos^2 2\theta)/(\sin^2\theta \cos\theta) \tag{5.11}$$

これは装置の幾何学的特性に起因した補正項である．そして強度は次式とな

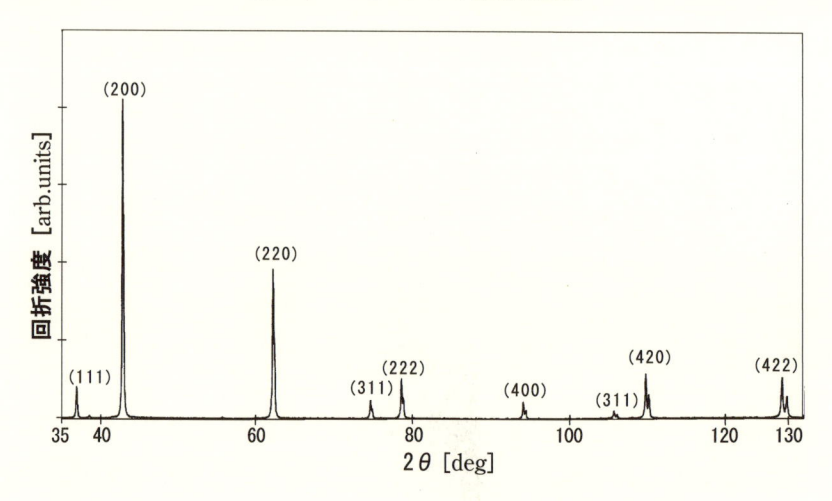

**図 5.14** ディフラクトメータにより測定した MgO 粉の X 線回折パターン

る．

$$I = |F(hkl) \cdot m \cdot L.P.|^2 \tag{5.12}$$

表 5.1 に計算された相対強度は，実験結果である図 5.14 の各回折ピークの積分強度の比とよい一致を示していることがわかる．

X 線回折実験はこのように計算と実験を比較することで単位胞の中に描かれた構造を定量的に取り扱うことができる．しかし，これは単位胞の中に平均化された形で物質構造を理解しようとする考え方，見方であることに注意してほしい．

## 5.3 電 子 線[8,9]

### 5.3.1 電子と原子の相互作用（原子散乱因子）

物質に電子を当てた場合，入射する電子は負の電荷をもっているため，原子中の正電荷をもつ原子核とそれを取り巻く電子との間にクーロン相互作用を行う．すなわち，原子に入射した電子は原子の作るクーロンポテンシャルによって散乱される．

## 5.3 電子線

表5.1 X線回折パターンの計算例

| 指数<br>$hkl$ | 面間隔<br>$d_{hkl}$ [nm] | $\frac{\sin\theta}{\lambda}$ [nm$^{-1}$] | $m$ | $L.P.$ | $f^X_{Mg^{2+}}\left(\frac{\sin\theta}{\lambda}\right)$ | $f^X_{O^{2-}}\left(\frac{\sin\theta}{\lambda}\right)$ | $I=|F|^2 m \cdot L.P.$ | 相対強度<br>$I^R$ | 回折角<br>$2\theta_B$ [deg] |
|---|---|---|---|---|---|---|---|---|---|
| 111 | 0.24324 | 2.0556 | 8  | 17.15 | 8.67 | 6.05 | 942   | 6.9   | 36.95  |
| 200 | 0.21065 | 2.3736 | 6  | 12.28 | 8.30 | 5.32 | 13668 | 100.0 | 42.93  |
| 220 | 0.14895 | 3.3568 | 12 | 5.292 | 7.04 | 3.68 | 7298  | 53.4  | 62.34  |
| 311 | 0.12703 | 3.9361 | 24 | 3.647 | 6.26 | 3.04 | 908   | 6.6   | 74.73  |
| 222 | 0.12162 | 4.1112 | 8  | 3.347 | 6.05 | 2.87 | 21301 | 15.6  | 78.67  |
| 400 | 0.10533 | 4.7470 | 6  | 2.755 | 5.28 | 2.40 | 975   | 7.1   | 94.09  |
| 331 | 0.09665 | 5.1731 | 24 | 2.799 | 4.80 | 2.18 | 461   | 3.4   | 105.80 |
| 420 | 0.09421 | 5.3.75 | 24 | 2.896 | 4.68 | 2.12 | 3214  | 23.5  | 109.83 |
| 422 | 0.08600 | 5.8141 | 24 | 3.844 | 4.17 | 1.94 | 3444  | 25.2  | 127.38 |

電子線に対する原子散乱因子は次式で計算できる．

$$f^e\left(\frac{\sin\theta}{\lambda}\right) = \frac{m_0 e^2}{2h^2} \cdot \frac{Z - f^X(\sin\theta/\lambda)}{(\sin\theta/\lambda)^2}$$

$$= 2.393 \times 10^{-5} \frac{Z - f^X(\sin\theta/\lambda)}{(\sin\theta/\lambda)^2} \quad [\text{nm}] \tag{5.13}$$

ここで，$2\theta$ は回折角，$m_0 = 9.107 \times 10^{-28}$[g]（電子の静止質量），$e = 4.802 \times 10^{-10}$[esu]（電子の素電荷の絶対値），$h = 6.624 \times 10^{-27}$[erg·s]（Plank定数），$\lambda$ は [nm] 単位の波長である．$Z$ は原子番号で原子核による効果を，$f^X$ は X 線の原子散乱因子で電子による散乱の効果を与えている．特徴的なことは，$f^X$ は常に正であるが，$f^e$ の場合は原子のイオン化の程度によって低角散乱において大きく変化し，負イオンの場合は負の値をもつ場合があることである．X 線に比べて電子線は物質との相互作用が強く，回折強度で比較すると約百万倍の違いがある．したがって，物質の表面層からの電子線回折による解析や，物質を 100 nm 以下程度まで薄片化して電子線を透過させて構造解析に用いる．

相対論的補正を行った電子線の波長は次式で与えられる．

$$\lambda = h \bigg/ \sqrt{2m_0 eV\left(1 + \frac{eV}{2m_0 c^2}\right)} \tag{5.14}$$

ここで，$c = 2.998 \times 10^{10}$[cm/s] は光速度，$eV = 1.60186 \times 10^{-12}$[erg/eV] × $V$ [V] で加速電圧 ($V$) に依存している．たとえば，200[kV]，1[MV] の加速電圧で，それぞれ，$2.508 \times 10^{-3}$[nm]，$8.718 \times 10^{-4}$[nm] であり，X 線に比べてかなり短い．Bragg の法則式 (4.47) によれば，一次回折波の散乱角は $2\theta_B \cong \lambda/d_{hkl}$ であるから，たとえば 200[kV] の $\lambda = 2.508 \times 10^{-3}$[nm]，さらに物質の代表的原子間距離として $d_{hkl} = 0.2$[nm] を代入すると，$2\theta_B = \lambda/d_{hkl} = 0.0125$ [rad] = 0.718[deg] となり，電子線はほとんど前方に散乱する．したがって，入射電子にとって十分薄い物質は原子の配列による二次元的ポテンシャル（投影ポテンシャル）分布とみなすことができる．

### 5.3.2 電子顕微鏡の構造

透過型電子顕微鏡の断面図を図 5.15 に示す．電子は大気中では著しく減衰するので，真空排気された鏡体中で電子線を発生させる．レンズは鉄製のポー

## 5.3 電子線

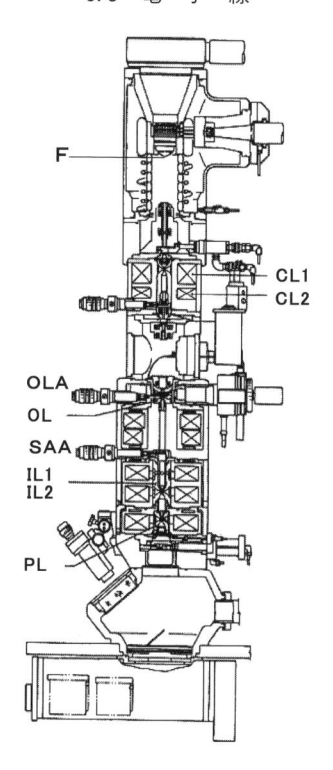

**図 5.15** 透過型電子顕微鏡の断面図
F：フィラメント（ウェーネルトと呼ばれる静電レンズの内部にある），CL 1：第一集光レンズ，CL 2：第二集光レンズ，OLA：対物レンズ絞り，OL：対物レンズ，SAA：制限視野絞り，IL 1：第一中間レンズ，IL 2：第二中間レンズ，PL：投影レンズ（日本電子(株)のご厚意による）

ルピースを取り巻くコイルに電流を流し，生じた磁界は凸レンズとして作用する．レンズの焦点距離は通常コイルの電流変化により調整する．フィラメント(F)から発生した電子は加速され，2 枚の集束レンズ(CL 1, CL 2)により，光軸に平行な成分が取り出され，試料に入射する．実際の試料は対物レンズ(OL)付近にセットされる．対物レンズの焦点距離は 1[mm] 程度であるため，回折像や像は小さい．そこで，後段に中間レンズ(IL 1, IL 2)および投影レンズ(PL)の合計 3 段を配置し，像や回折像を拡大して蛍光塗料を塗布したスク

リーンに映し，さらに双眼鏡で拡大して観察する．撮影はスクリーン下のフィルムなどにより行う．対物絞り(OLA)は対物レンズの後焦点面に必要に応じて挿入する．また，対物レンズの像面には制限視野絞り(SAA)を挿入することができる．

図5.16に代表的な結像モードを示す．図5.16(a)では像の結像過程を示している．試料に入射した電子は回折し対物レンズにより，制限視野絞りの位置で像となっている．これを後段レンズによりスクリーンに拡大している．一方，図5.16(b)は対物レンズの後焦点面で集光された回折波を後段レンズにより拡大して回折像を結像するモードである．試料の対物レンズによる像は制

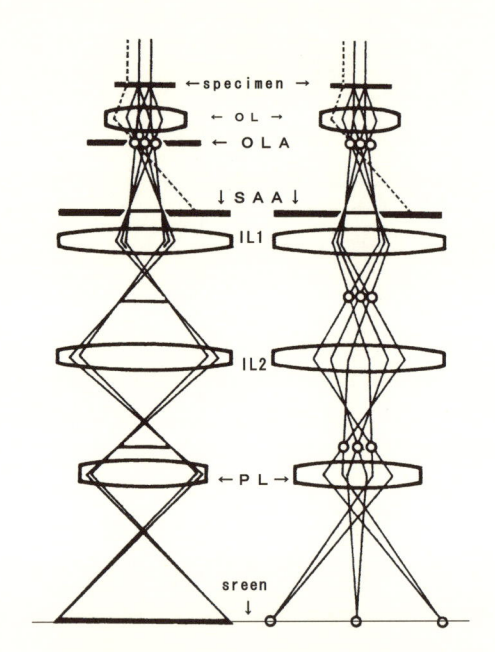

(a) 像形成モード　(b) 回折像形成モード

**図5.16** 電子顕微鏡の結像モード
OL：対物レンズ，OLA：対物レンズ絞り，SAA：制限視野絞り，IL1：第一中間レンズ，IL2：第二中間レンズ，PL：投影レンズ

限視野絞りの位置にあるが，ここに絞りを挿入して試料像の特定の領域からの回折像を選別することができる．このように透過型電子顕微鏡は試料の実空間と逆空間両方の情報を取り出すことができる．

図 5.16(a) の像のコントラストについて述べる．この光路で対物絞りを前方散乱(直進方向に散乱)した回折波(ダイレクトビーム)だけを通過するように挿入すると，試料の回折波を生じた部分は回折波のエネルギーが視野から外れるので暗くなり，そうでない部分と物質がない真空部分は明るく結像する．これを明視野像と呼ぶ．これに対して，対物絞りを回折波が通過するように挿入すると，回折波を発生している部分だけが明るくなり，そうでない部分と真空部分は暗く結像する．これを暗視野像と呼ぶ．こうした回折波のありなしによるコントラストのつけ方を，回折コントラストという．これに対して回折波間に位相差を生じさせることでコントラストをつける方法が，位相コントラストである．これは，対物レンズには固有の球面収差があるために，故意に対物レンズの焦点距離をずらすことで，対物レンズの後焦点面でレンズの光軸とその周囲で位相差をつけて行う．たとえば，結晶を特定の投影方向から観察し，後焦点面のダイレクトビームと他の回折波とを干渉させることによって干渉縞を作ることができる．結晶の原子の配列に対応する干渉縞の像は高分解能像と呼ばれる．

## 5.3.3 回折像と像(明視野像，暗視野像，高分解能像)

図 5.14 にデフラクトメータによる MgO の X 線回折パターンを示した．この MgO の明視野像を図 5.17 に示す．1粒1粒が立方体もしくは直方体となっていて，電子線に対してさまざまな角度に傾いていることがわかる．この状態をフーリエ変換した状態を想像すれば1粒ずつの結晶に対応する逆格子が存在し，逆格子の原点を共有して重ね合わせた状態となる．逆格子原点からの逆格子点までの距離は，面間隔の逆数で，$1/d_{111}, 1/d_{002}, 1/d_{220}\cdots$ の順に並んでいるので，その半径の比で同心球面上に，全体からの逆格子点が分布する．したがって Ewald の作図(図 4.25)を思い出せば，原点を含む面(図 4.24)で切り取った図形，すなわち同心円が図 5.18 に示すように，回折像として観測される．

110　第5章　コヒーレント波動の実際

図 5.17　MgO 結晶の煙の粒の電子顕微鏡による明視野像

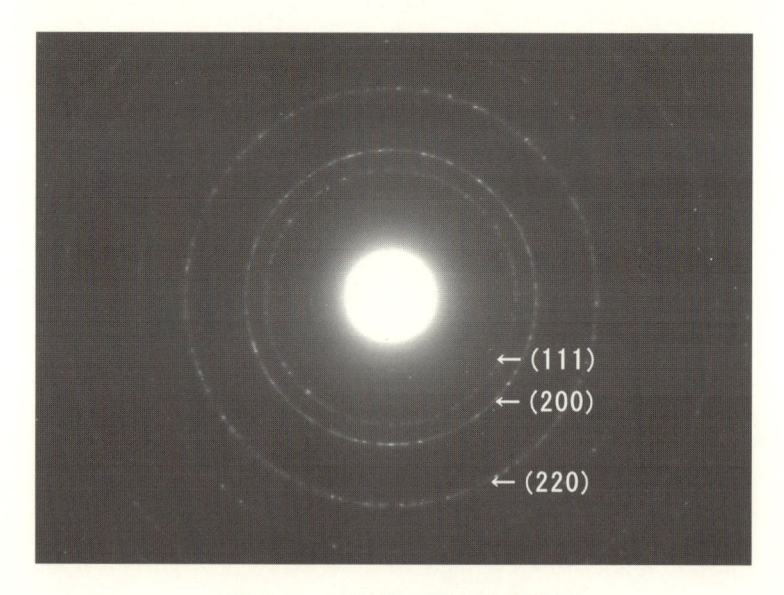

←(111)
←(200)
←(220)

図 5.18　MgO 粉の電子線回折像

中心がダイレクトビームであり，逆格子の原点と考えてよい．その周りの同心円状回折リングは白点の点列より構成されており，多数の MgO 単結晶粒からの回折によるものである．MgO の回折像中の指数は回折結晶の面に対応している．図 5.14 の X 線回折パターンは，回折像の原点から任意の方向にスキャンして回折強度を測定したことに対応している．

一粒の MgO 単結晶に注目して，立方体の1つの正方形の面の対角線方向（[110]晶帯軸）から電子線を入射すると，図 5.19 のような回折像が観察される．図 5.19 に示す MgO のブラベー格子は fcc 格子であり，その逆格子の bcc 格子の原点を含んで[110]方向に垂直な面上に乗った逆格子点の分布に対応する．回折像は結晶の逆空間での表現であるが，結晶の実空間での像が図 5.20(a)である．中程の黒い長方形は，立方体を[110]方向に投影したことに対応している．(a)から順に(b)，(c)と後段レンズの焦点をずらしてゆくと，図中矢印で示すように，はじめの長方形の形のままに白い影が四方に広が

図 5.19　MgO 単結晶の[110]晶帯軸入射の回折像

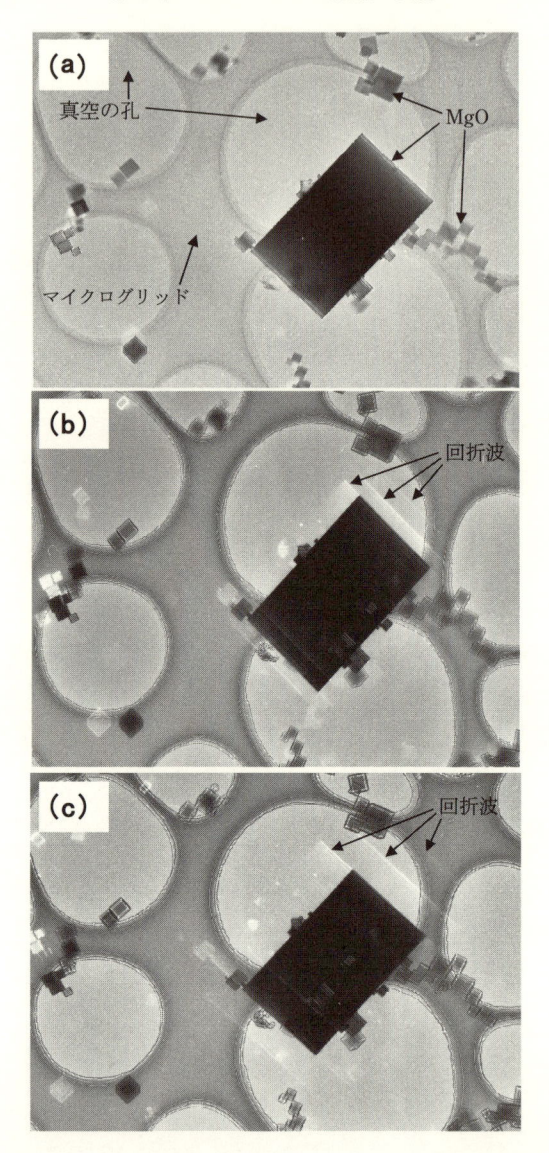

図 5.20　MgO 結晶粒の焦点を徐々にずらしたときの像
(a) ほぼ結晶を出射した直後に焦点を合わせた像，(b) (a) よりも少し後ろに焦点を合わせた像，(c) (b) よりもさらに後ろに焦点を合わせた像

ってゆく様子がわかる．これが，結晶から出た後の回折波の正体である．さて，図5.20(a)を見ると長方形の縦の両側の辺から中心に向かって暗くなっている．

　これは試料の厚さが異なるために電子線の吸収量に差が生じた効果である．つまり，電子線の吸収が比較的無視できる領域は，結晶の端の極めて薄い部分に限られている．試料が厚くなると，吸収ばかりではなく電子線はこの結晶の中で何度も散乱(多重散乱)されることになる．これを**動力学的効果**と呼ぶ．この様子を図5.21に示す．これは，1 MeVの電子線がMgO単結晶の[110]方向に入射した場合の回折波強度の試料厚さ変化をマルチスライス法という手法[10]で計算したものである．入射電子線の強度は1と規格化してある．$I_{002}$, $I_{220}$は，ほんの2,3スライスまで直線的に変化しているにすぎない．これはちょうど結晶構造因子で計算したように，電子線が1回散乱される厚さを示している．それより厚くなると，線形からずれて最大値を経て減少に転じる．このとき$I_{111}$の強度が大きく増加し始める．このように結晶の中では，電子の回折波は多重散乱によって互いにそのエネルギーのやり取りを行っている．この様子を高分解能像として観察したものを図5.22に示す．図5.20(a)の薄い端を観察している．左端に結晶の端があり，格子縞が見える領域が結晶である．

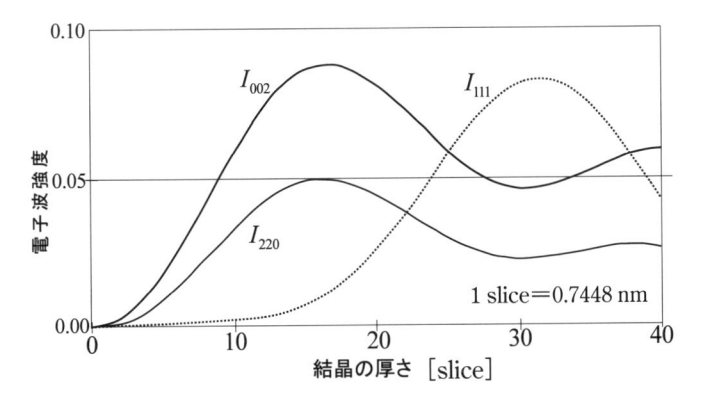

図5.21　MgO結晶の厚さに対する回折波の強度変化．電子線は[110]に平行

↓結晶端

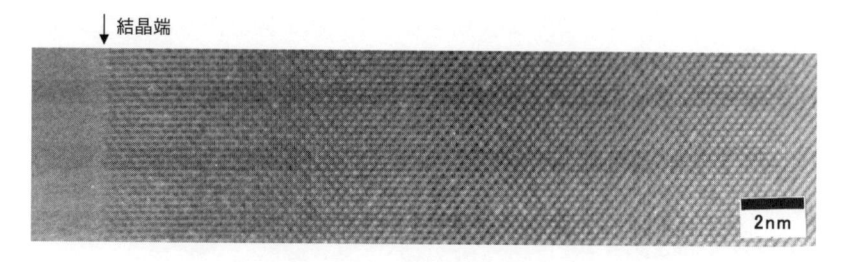

図 5.22 MgO 結晶の高分解能像．電子線は[110]に平行

MgO結晶粒の角の角度は 90[deg] であるので，図 5.22 の結晶端から右に移動した距離の $\sqrt{2}$ 倍が投影方向の結晶の厚さとなっている．先に述べたマルチスライス法の計算によれば，この高分解能像で結晶端の部分の黒いコントラストが $Mg^{2+}$ イオンの投影位置に対応している．さらに厚くなると，そのコントラストは複雑に変化するが，これが像の上でみた動力学的効果である．

以上のように，電子顕微鏡は物質を透過像（あるいは陰影像）と，回折像で捕らえることができる便利な装置である．電子顕微鏡はこのような実空間・逆空間的捕らえ方だけではなく，入射電子線を物質と相互作用させ電子線の失ったエネルギーを測定したり，発生したX線などを検出するなど，エネルギー空間で物質を同定評価することもできる．

## 5.4 超伝導電子波

### 5.4.1 超伝導電子波

本節では，前節までとは少し異なったコヒーレント波，すなわち超伝導電子波について述べる．超伝導コヒーレント波は他に比類のない超高感度の脳磁気計測用センサへ応用されている．これは **dc-SQUID**(**S**uperconducting **Qu**antum **I**nterference **D**evice：**超伝導量子干渉素子**)と呼ばれ，すでにわが国でも数十台稼動しており，SQUID脳磁気科学という分野が急速に進展しつつある[11]．

Schrödingerの波動力学によれば，電子の振る舞いは複素波動関数で表さ

## 5.4 超伝導電子波

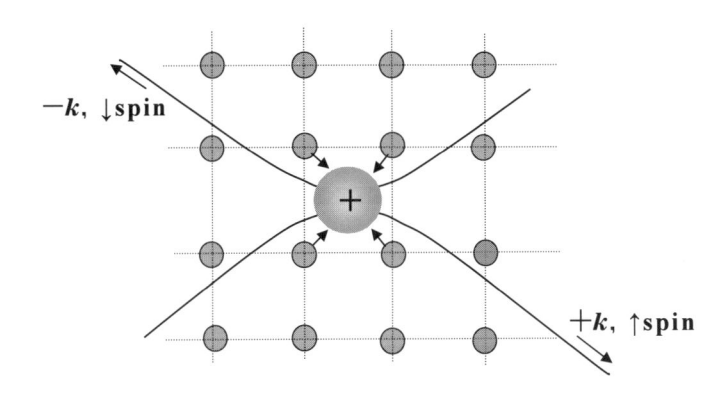

図 5.23 格子振動を介した 2 つの電子の相互作用

れ，常伝導状態の電子系は個々に位相がバラバラの波動関数で表される．これに対して，超伝導状態で出現する超伝導電子波全体の振る舞いは 1 つの複素波動関数で表される．この複素波動関数の位相は後述するように電場や磁場によって変化し，その結果として超伝導電子波の干渉効果が現れる．

まず，超伝導電子波がどのような場合に形成されるかを説明する．一般に，超伝導体の中では電子は格子振動を媒介として**対**(**超伝導電子対**，あるいは**Cooper 対**ともいう)を作る．図 5.23 に示すように，左から右に進んできた電子(波数 $+k$, ↑ spin)が，ある場所で周りの格子を引き付け，+の局所電場を発生させたとする．これによって，右から進んできた別の電子(波数 $-k$, ↓ spin)が引き付けられる結果，2 つの電子は格子振動を介して相互作用し，Cooper 対を形成する．この対形成は一瞬($<$1p sec)のできごとであるが，これが物質の中で膨大な数起こっているため，我々にはあたかもいつでも起こっているように観察されるのである．

図 5.24 は，対($\pm k$, ↑↓ spin)の重心の運動量 $p$ がゼロとなる様子を表したものである．運動量がゼロとなるように対ができると考えれば超伝導現象を説明できることを理論計算で見出したのが Bardeen, Cooper, Schriefer であり，その理論は 3 人の頭文字をとって **BCS 理論**と呼ばれる．このように，すべての対の重心の運動量がすべてゼロ($\boldsymbol{p}=\boldsymbol{0}$)で同じ，すなわち縮退している

(a) 電場=0

　　　　　　　　　　　電子
　　　　　　　　電子
　　　　　　電子

　　　　　　　電子
　　　　　　電子

　　　　　　　　　電子

(b) 電場=0　　　　　　　　　　(c)　　　電場を印加

　　　Cooper 対の重心
　　　　　　　　　　　　　　　　　　　p

　　　　　　　　　　　　　　　　　　　　　p
　　　　　　　　Cooper 対の重心
　Cooper 対の重心　　　　　　　　　　　　p

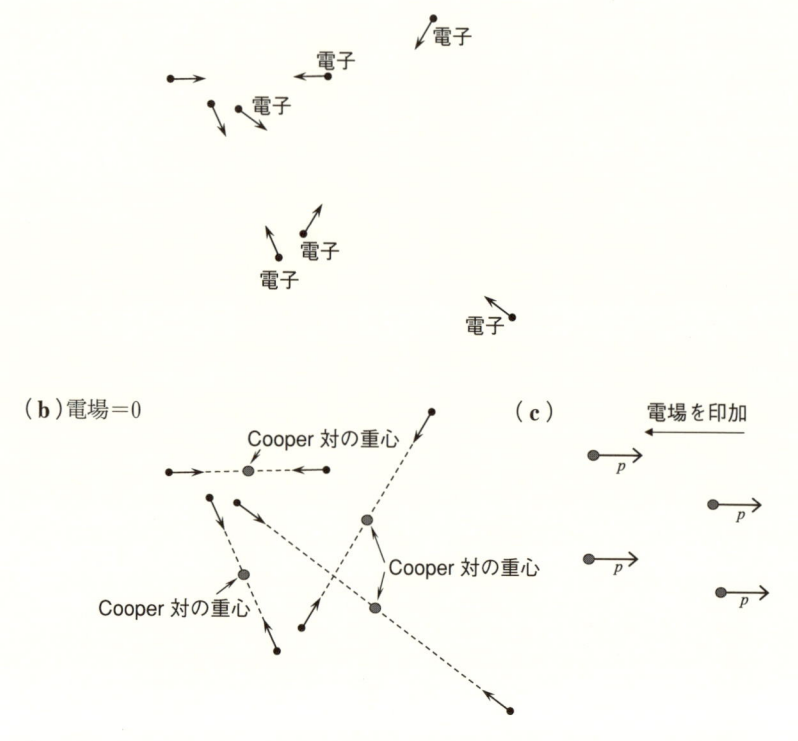

**図 5.24** (a) 電場がゼロの場合：常伝導状態では電子が種々の向きに運動している．(b) 超伝導状態では(a)において重心の運動量がゼロになるような電子(互いに反対の向きに運動する電子)が Cooper 対を作る．(c) 超伝導状態で電場が印加された場合：すべての Cooper 対の重心は同じ運動量 $p$ をもって動き出す

ということが重要な性質(Bose 粒子のような性質)をもたらすのである．$p=0$ の状態に電場を印加すると，対の重心は一斉に同じ運動量 ($p \neq 0$) をもって動き出す．このとき，超伝導体の中に膨大な数の対電子の流れが生じたように見え，この流れ(確率流)が超伝導電流として観測される．量子力学では運動量と波数ベクトルは

$$\boldsymbol{p} = \hbar \boldsymbol{k} \tag{5.15}$$

の関係にあるから,運動量が一定ということはすべての対電子の波数 $k$ が同じということを示しており,結果として超伝導体内に巨視的コヒーレンス波が生じる.

Cooper 対は光子(Bose 粒子)によく似た性質をもつ粒子であり,それがもつ波動的性質(超伝導電子波)は種々の興味深い現象を引き起こす.1つの巨視的な波動である超伝導電子波は,厳密さを無視してわかりやすくいえば,孤立した原子の原子核の周りを回る電子波のようなものである[12].原子核を回る電子波が反磁性(Bohr の反磁性)を示すように,超伝導電子波もまた完全反磁性(Meissner 効果)を示す.前述の SQUID の基本原理となる Josephson 効果はこの巨視的コヒーレンスが重要な役割を演じる.

次に超伝導電子波の数理について概要を述べる.超伝導電子全体は,ただ1つの複素波動関数で表されるものとする.この仮定は,超伝導電子波がコヒーレント波であることを意味する.SQUID の動作原理を説明するためには,磁束量子化の式と Josephson の基本式が必要になる.これらの式の導出法は種々あるが,量子力学の電流密度の式から導く方法について述べる.

量子力学では,通常導体中の1個の電子(質量 $m$,電荷量 $e=1.602\times10^{-19}$ [C](絶対値))の確率流(電流密度演算子)$j$ は,波動関数 $\Psi$ を用いて

$$j = \frac{i\hbar e}{2m}[\Psi^*(r)\cdot\nabla\Psi(r)-\Psi(r)\cdot\nabla\Psi^*(r)] - \frac{e^2}{m}\Psi(r)\cdot\Psi^*(r)\cdot A(r) \tag{5.16}$$

と表される[13].$r$ は空間ベクトルである.磁場はベクトルポテンシャル $A$ で記述されている.超伝導状態の場合,超伝導電子全体が唯一の複素波動関数で表されるので,超伝導電流は上の表式と同じ形になる.ただし,電子対であるため電荷量は $e\to 2e$ に,質量は $m\to m^*$(対の有効質量)に変更する必要がある.したがって,系全体の超伝導電流密度演算子を

$$J_s = -\frac{i\hbar(2e)}{2m^*}(\Psi^*(r)\cdot\nabla\Psi(r)-\Psi(r)\cdot\nabla\Psi^*(r))$$
$$-\frac{(2e)^2}{m^*}\Psi(r)\cdot\Psi^*(r)\cdot A(r) \tag{5.17}$$

と書くことができる.この式は,たとえば,超伝導の理論の1つである Ginzburg-Landau 理論の自由エネルギー関数をベクトルポテンシャルについて変分をとることで導くことができるが[14]，ここでは超伝導コヒーレント波について述べることが主題であるので省略する．式(5.17)から超伝導の諸現象を説明するための重要な式，すなわち Josephson 効果や磁束量子化の式を現象論的に導くことができる．

コヒーレントな波動関数 $\Psi(r, t)$ の振幅の空間変化が無視できるような，通常の大きな超伝導体(超伝導体の大きさ≫London の侵入長：$\lambda_L$[12])を考えて

$$\Psi(r, t) = |\Psi|e^{i\phi(r)}e^{i\varphi(t)} \tag{5.18}$$

の解を仮定する．電子対の電流密度の式(5.17)に代入して

$$J_s = \frac{2e\hbar}{m^*}|\Psi|^2\left\{\nabla\phi(r)-\frac{2e}{\hbar}A\right\} \tag{5.19}$$

を得る．ここで，$|\Psi|^2=n_s$(電子対(Cooper 対)の数密度)とおいて書き換えれば位相の空間変化は

$$\nabla\phi(r, t) = \frac{2e}{\hbar}A(r)+\frac{m^*}{2e\hbar n_s}J_s(r, t) \tag{5.20}$$

で与えられる．この超伝導体における電流密度 $J_s$ と位相 $\phi$，およびベクトルポテンシャル $A$ との関係式は，dc-SQUID ループ内の磁束と接合の位相差を結びつける重要な関係式である．

### 5.4.2 Josephson 方程式の導出

電流密度演算子から Josephson の基本式を導く．図 5.25 のような超伝導体-絶縁体-超伝導体トンネル接合を考える．磁場 $B$ は $z$ 軸方向に印加されているものとする．

図 5.25 中の閉ループ($C: 1 \to 2 \to 3 \to 4 \to 1$)に沿った線積分

$$\oint_C \nabla\phi \cdot dl = \frac{2e}{\hbar}\oint_C A \cdot dl + \frac{m^*}{2e\hbar n_s}\int_C J_s \cdot dl \tag{5.21}$$

を考える．超伝導電極の内部(深さ $>\lambda_L$)の位相は一定であるので，左辺は

$$\oint_C \nabla\phi \cdot dl = \int_1^2 d\phi + \int_2^3 d\phi + \int_3^4 d\phi + \int_4^1 d\phi$$

## 5.4 超伝導電子波

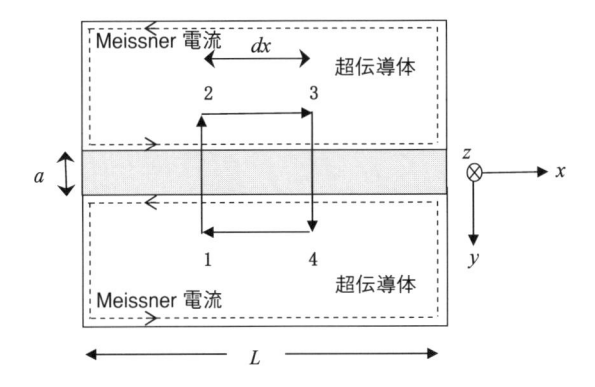

**図 5.25** トンネル型 Josephson 接合の概略図

外部磁場 $B$ は $z$ 軸方向，線積分ループ ($C: 1 \to 2 \to 3 \to 4$) は $x$-$y$ 面内にとる．接合部の間隔は $a$, $x$ 軸方向の長さは $L$ とする．また，後の議論のために接合部の $z$ 軸方向の長さを $W$ とする

$$\begin{aligned}
&= \int_1^2 d\phi + \int_3^4 d\phi \\
&= \{\phi_2(x,t) - \phi_1(x,t)\} + \{\phi_4(x+dx,t) - \phi_3(x+dx,t)\} \\
&= \{\phi_2(x,t) - \phi_1(x,t)\} - \{\phi_3(x+dx,t) - \phi_4(x+dx,t)\} \\
&\equiv \phi_{21}(x,t) - \phi_{34}(x+dx,t) \quad (5.22)
\end{aligned}$$

となる．また，式 (5.21) の右辺第 1 項は

$$\oint \boldsymbol{A} \cdot d\boldsymbol{l} = \int \mathrm{rot}\, \boldsymbol{A} \cdot d\boldsymbol{S} = \int \boldsymbol{B} \cdot d\boldsymbol{S} = \Phi \quad (5.23)$$

である．超伝導体の十分内部で $\boldsymbol{J}_s = \boldsymbol{0}$; $A_x = 0$ であって，また超伝導体表面の London の侵入長 $\lambda_L$ の厚さだけ磁束が進入するので，磁束は接合内 $((2\lambda_L + a) \times dx$ 内$)$ の全磁束で与えられる．積分ループ $C$ 内で磁場は一定とすると

$$\Phi = B_z(2\lambda_L + a)dx \quad (5.24)$$

である．式 (5.21) の右辺第 2 項については，$J_s$ は超伝導体 (電極) の縁部のみを流れる電流 (Meissner 電流) であり，線積分ループに直交する．したがって

$$\int \boldsymbol{J}_s \cdot d\boldsymbol{l} = 0 \quad (5.25)$$

である．以上の結果より

$$\phi_{21}(x, t) - \phi_{34}(x+dx, t) = \frac{2ed}{\hbar} B_z \cdot dx \tag{5.26}$$

を得る．ここで，$d \equiv a + 2\lambda_L$ である．式(5.26)の左辺を Tayler 展開し，$(dx)^2$ 以上の項を無視して微分形式に直すと，Josephson の第三の式

$$\frac{\partial \phi(x, t)}{\partial x} = -\frac{2ed}{\hbar} B_z \tag{5.27}$$

が得られる．ただし，$\phi_{21} = \phi_{34} \equiv \phi$ とした．

　接合がゼロ電圧状態(超伝導状態)にある場合，位相差は時間変化しない．微小面積の接合で自己磁場が無視できるとき，接合内全体（$x$ 軸方向の幅：$L$）で磁場は一定と近似できる．この場合，式(5.27)を積分すると，積分定数を $\theta_0$ として

$$\phi = -\frac{2ed}{\hbar} B_z \cdot L + \theta_0 = -\frac{2\pi \Phi}{\Phi_0} + \theta_0 \tag{5.28}$$

となる．ここで，$\Phi \equiv B_z \cdot d \cdot L$，$\Phi_0 \equiv \frac{h}{2e} = 2.07 \times 10^{-15}$ Wb であり，$\Phi_0$ は磁束の最小単位(磁束量子)である．式(5.28)より，$\phi$ が時間変化しない場合，その大きさは

$$\phi \equiv \frac{2\pi \Phi}{\Phi_0} \tag{5.29}$$

となるが，これは dc-SQUID の干渉パターンを計算するとき用いられる位相差 $\phi$ と内部磁束 $\Phi$ との関係を示す重要な式である．

　上の議論では線積分ループを $(x, y)$ 平面にとったが，同様の議論を $(y, z)$ 平面に線積分ループをとって行えば，線積分ループの法線ベクトルの向きと $B_x$ の向きが逆であることを考慮して

$$\frac{\partial \phi}{\partial z} = \frac{2ed}{\hbar} B_x \tag{5.30}$$

が得られる．3次元に拡張するには $y$ 方向の単位ベクトルを $\boldsymbol{n}$ として

$$\frac{\partial \phi}{\partial \boldsymbol{r}} = \frac{2ed}{\hbar} \boldsymbol{B} \times \boldsymbol{n} \tag{5.31}$$

となるが，通常トンネルバリアの厚さは 2 nm 以下であるため，1次元または2次元モデルで十分である．

## 5.4 超伝導電子波

次に，接合部を流れる超伝導電流と位相の関係について述べる．電子対の電流密度演算子(式(5.17))において，まず簡単化のため $A=0$ とし，波動関数の時間変化はない場合を考える．

そして，図 5.25 に示した接合について式(5.32)の解を仮定する．これは，上下電極から指数関数的に波動が染み出して結合(相互作用)するというモデルである[15,16]．上下の電極は添え字の 2, 1 で区別する．

$$\Psi(y) = |\Psi|\cdot e^{i\phi_1(x)}\cdot e^{-ky} + |\Psi|\cdot e^{i\phi_2(x)}\cdot e^{ky} \tag{5.32}$$

ただし，$k$ は障壁層 $(a)$ ＋上下電極のコヒーレンス長 $(\xi)$ の領域だけで定義されるものとする．コヒーレンス長とは，超伝導が成立し得る空間の最小スケールをいう．式(5.32)で注意すべきは，電流密度の式が接合内でも成り立つと拡張している点である．

$\Psi^*\cdot\nabla\Psi - \Psi\cdot\nabla\Psi^*$ を計算すると

$$\begin{aligned}\Psi^*\cdot\nabla\Psi - \Psi\cdot\nabla\Psi^* &= -|\Psi|^2 2k(e^{i(\phi_1-\phi_2)} - e^{-i(\phi_1-\phi_2)}) \\ &= i4k|\Psi|^2 \sin(\phi_2-\phi_1) \\ &\equiv i4k|\Psi|^2 \sin\phi(x,t)\end{aligned} \tag{5.33}$$

となる．ここで $\phi \equiv \phi_2 - \phi_1$ である．したがって電流密度の大きさは

$$\boxed{J_s = \frac{4e\hbar k n_s}{m^*}\sin\phi(x,t) \equiv J_0\cdot\sin\phi(x,t)} \tag{5.34}$$

と表される．これが **Josephson の第一方程式**である．ここで $J_0$ はゼロ電圧で流れる最大 Josephson 電流である．この式は物理的に観測可能な量である電流密度と，物理量でない位相(なぜならば，通常位相 $\phi$ に $2n\pi$ ($n$ は整数)を加えても同じ値をとるため)とを結びつけている．Josephson がこの式を導出したとき，BCS 理論以前の超伝導古典論に多大の貢献をした指導教授 Pippard も，半導体と超伝導体の理論で 2 度ノーベル賞を受賞した Bardeen も理解できなかったという逸話が残っている[17]．

磁場がある場合，ゲージ不変な位相差として新しく

$$\hat{\phi} \equiv (\phi_2 - \phi_1) - \frac{2e}{\hbar}\int_1^2 \boldsymbol{A}\cdot d\boldsymbol{l} \tag{5.35}$$

を定義すると，式(5.34)と同じ形の式が得られる．

臨界電流密度の式は微視的理論から計算できる．しかし，導出は難解なので省略する．結果は

$$J_0 = \frac{\pi \Delta(T)}{2eR_N} \tanh \frac{\Delta(T)}{2k_B T} \tag{5.36}$$

となる[13]．ここで，$\Delta(T)$ は温度 $T$ における超伝導ギャップエネルギー，$R_N$ は常伝導抵抗(ギャップ電圧以上での線形抵抗値)，$k_B$ はボルツマン定数である．

最後に，接合部導電子波の位相の時間変化を求める．超伝導電流密度

$$\boldsymbol{J}_s = \frac{2e\hbar n_s}{m^*}\left\{\nabla\phi(\boldsymbol{r},t) - \frac{2e}{\hbar}\boldsymbol{A}(\boldsymbol{r})\right\} \tag{5.37}$$

が接合内($y$ 軸方向)でも成り立つとする．

電子対の重心の速度を $\boldsymbol{v}_s(\boldsymbol{r},t) \equiv -\frac{\hbar}{m^*}\left(\nabla\phi(\boldsymbol{r},t) - \frac{2e}{\hbar}\boldsymbol{A}(\boldsymbol{r})\right)$ とし，通常の導体に倣って電流密度を次式で表す．

$$\boldsymbol{J}_s = (-2e)n_s \cdot \boldsymbol{v}_s(\boldsymbol{r},t) \tag{5.38}$$

超伝導状態では散乱がないので，接合にかかる電界を $\boldsymbol{E}$ とすると，運動方程式は

$$m^*\frac{\partial \boldsymbol{v}_s(\boldsymbol{r},t)}{\partial t} = (-2e)\boldsymbol{E} \tag{5.39}$$

と書ける．$y$ 方向成分は

$$m^*\frac{\partial \boldsymbol{v}_s(y,t)}{\partial t} = (-2e)E_y \tag{5.40}$$

であるから，ゲージ不変な位相差 $\hat{\phi}(\boldsymbol{r},t)$ を用いた速度の式を一次元系

$$\boldsymbol{v}_s(y,t) \equiv -\frac{\hbar}{m^*}\left(\nabla\phi(\boldsymbol{r},t) - \frac{2e}{\hbar}\boldsymbol{A}(\boldsymbol{r})\right)$$

$$\equiv -\frac{\hbar}{m^*}\nabla\hat{\phi}(\boldsymbol{r},t) \tag{5.41}$$

に直して，式(5.40)に代入すると

$$m^*\frac{\partial}{\partial t}\left(-\frac{\hbar}{m^*}\frac{\partial \hat{\phi}(y,t)}{\partial y}\right) = (-2e)E_y \tag{5.42}$$

である．$y$ 軸方向に積分し，トンネル接合をよぎる電圧を $V \equiv a \cdot E_y$ とすると

## 5.4 超伝導電子波

$$\boxed{\frac{\partial \hat{\phi}}{\partial t} = \frac{2e}{\hbar}V \equiv \omega_J} \tag{5.43}$$

を得る．これを Josephson の**第二方程式**という．この式は，接合に印加する電圧で周波数を制御できること(いわゆる Voltage Controlled Oscillator : VCO)を示している．トランジスタ集積回路で作る VCO は，身近なところではパソコンの磁気ヘッドからの読み出し信号を安定化して CPU 等へ送る位相ロック回路(phase lock loop)に使われており，これを用いて **Josephson 素子**のアナログシミュレータを作ることができる．

このように，Josephson 接合を流れる電流の位相が電圧と磁場で自在に変えられることは，電子デバイスとして特筆すべき性質である．現在，実用化されている半導体や光デバイスの基本的な動作のほとんどは，Josephson 素子で可能である．この応用については次節以降で述べる．

式(5.43)より，Josephson 接合の等価磁束を定義する．式(5.43)を書き換えると

$$V = \frac{\hbar}{2e}\frac{\partial \hat{\phi}}{\partial t} = \frac{\Phi_0}{2\pi}\frac{\partial \hat{\phi}}{\partial t} = \frac{\partial}{\partial t}\left(\frac{\Phi_0}{2\pi}\hat{\phi}\right) \tag{5.44}$$

である．電気磁気学における誘導起電力

$$V = \frac{d\Phi}{dt} \tag{5.45}$$

と比較すると，Josephson 接合の等価磁束 $\Phi_J$ は

$$\Phi_J \equiv \frac{\Phi_0}{2\pi}\hat{\phi} \tag{5.46}$$

と定義できる．

以上の１次元接合の Josephson 方程式を，簡単化のために $\hat{\phi} \to \phi$ と書き換えてまとめると

$$\begin{aligned}
J_y &= J_0 \sin \phi(x, t) \\
\frac{\partial \phi(x, t)}{\partial t} &= \frac{2e}{\hbar}V \\
\frac{\partial \phi(x, t)}{\partial x} &= -\frac{2ed}{\hbar}B_z
\end{aligned} \tag{5.47}$$

となる．これらは，Josephson がケンブリッジ大学の大学院生のときに導いた式である．そして，1973 年にノーベル物理学賞を受賞した．ただし，彼の導出方法は上述の現象論的方法ではなく，微視的理論(BCS 理論)を用いている．

### 5.4.3 Josephson 電流の侵入長

前節までに導出された Josephson 効果の式は

$$J_y = J_0 \sin \phi(x, z, t)$$
$$\frac{\partial \phi(x, y, t)}{\partial t} = \frac{2e}{\hbar} V \tag{5.48}$$

および，磁場の $x$ 成分に $z$ 成分を加えて一般化して

$$\boxed{\frac{\partial \phi(x, z, t)}{\partial x} = -\frac{2ed}{\hbar} B_z, \quad \frac{\partial \phi(x, z, t)}{\partial z} = \frac{2ed}{\hbar} B_x} \tag{5.49}$$

である．式(5.49)を **Josephson の第三方程式**と呼び，これは外部から磁場を印加すると波動関数の位相が空間的に変化することを示す．しかし，外部磁場がなくても，接合に流れる電流の自己磁場でも同様のことが起こりうる．この様子は，変位電流を無視した場合の Maxwell 方程式

$$\text{rot } \boldsymbol{B} = \mu_0 \boldsymbol{J} \quad (\text{ここで } \mu_0 \text{ は真空の透磁率}) \tag{5.50}$$

とを組み合わせて導出できる．そして，応用上重要なパラメータである **Josephson 電流**の侵入長が得られる．

まず，位相の時間変化がない場合(ゼロ電圧状態)を考える．接合内の電流は $y$ 方向成分しかないので，Maxwell 方程式は

$$\frac{\partial B_x}{\partial z} - \frac{\partial B_z}{\partial x} = \mu_0 J_y \tag{5.51}$$

となる．Josephson の第三方程式(5.49)を代入すると

$$\frac{\hbar}{2ed} \frac{\partial^2 \phi}{\partial z^2} - \left(-\frac{\hbar}{2ed}\right) \frac{\partial^2 \phi}{\partial x^2} = \mu_0 J_y \tag{5.52}$$

である．式(5.48)により変形して

$$\frac{\partial^2 \phi}{\partial x^2} + \frac{\partial^2 \phi}{\partial z^2} = \frac{2ed\mu_0}{\hbar} J_0 \sin \phi \tag{5.53}$$

$z$ 方向の幅 $W$ が小さな接合を考えれば，$z$ 方向の位相変化は無視できるから

## 5.4 超伝導電子波

$$\frac{d^2\phi(x)}{dx^2} = \frac{1}{\lambda_J^2}\sin\phi(x) \quad \text{ここで} \quad \lambda_J = \sqrt{\frac{\hbar}{2ed\mu_0 J_0}} \tag{5.54}$$

を得る．この微分方程式を線形近似（$\phi \ll 1$ の場合 $\sin\phi \approx \phi$）した解は

$$\phi(x) \propto e^{-x/\lambda_J} \tag{5.55}$$

である．$\lambda_J$ は直流 Josephson 電流が接合端部から接合内部へ入り込む深さを表す．$\lambda_J$ は Josephson 侵入長（または侵入深さ）と呼ばれ，$\lambda_L(=(d-a)/2)$ と $J_0$ の値により，数 10 nm から数 100 μm まで大きく変わり得る．また，接合サイズの大小を議論する際は，$\lambda_J$ の値を基にして論じる．すなわち，図 5.25 に示した接合において，$L<\lambda_L$ かつ $W<\lambda_J$ 場合は，自己磁場効果が無視できる微小接合ということになり，接合を流れるバイアス電流はより均一となり，外部磁場は接合の絶縁体内部まで侵入できることになる．図 5.26 は Josephson 侵入長の様子を表したものである．

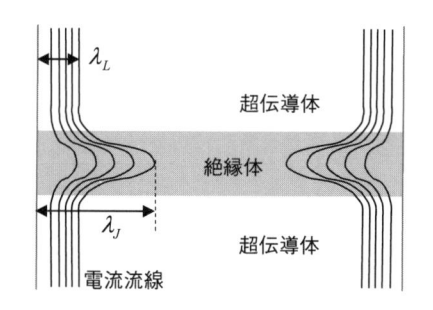

図 5.26 Josephson 侵入長（接合部を拡大）

### 5.4.4 Josephson 効果と単接合の回折パターン

前節で述べたように，1 次元の Josephson 接合（超伝導体-絶縁体-超伝導体）の基本式は次の 3 つである．

$$J = J_0 \cdot \sin\phi = J_0 \cdot \text{Im}[e^{i\phi}] \tag{5.56-1}$$

$$\frac{\partial\phi}{\partial t} = \frac{2e}{\hbar}V \tag{5.56-2}$$

$$\frac{\partial\phi}{\partial x} = -\frac{2ed}{\hbar}B \tag{5.56-3}$$

ここで，$J_0$ は最大 Josephson 電流(臨界電流ともいう)，$a$ を絶縁体(トンネル障壁)の厚さとして $d=a+2\lambda_L$ である．接合に直流の電圧 $V_{dc}$ と直流の磁場 $B_{dc}$ が印加された場合，式(5.56-2)と式(5.56-3)の連立偏微分方程式の解は

$$\phi(x,t) = \frac{2e}{\hbar}V_{dc}t - \frac{2ed}{\hbar}B_{dc}x + \text{const.} \tag{5.57}$$

となるので

$$\boxed{\omega \equiv \frac{2e}{\hbar}V_{dc}, \quad k \equiv \frac{2ed}{\hbar}B_{dc}} \tag{5.58}$$

とおけば

$$\phi(x,t) = \omega t - kx + \text{const.} \tag{5.59}$$

となる．これを，式(5.56-1)に代入し，$e^{i\cdot\text{const}} \equiv A$ として

$$J = J_0 \sin(\omega t - kx + \text{const.}) = J_0 \operatorname{Im}[Ae^{i(\omega t - kx)}] \tag{5.60}$$

の平面波の解を得る．

次に，この本の主題であるコヒーレント波の干渉が，トンネル接合でどのように起こるか説明する．まず，図5.25に示した1個の Josephson 接合(超伝導体-絶縁体-超伝導体)を流れる超伝導電流について考える．後述するが，これは4.1.1節に述べた光の単スリットの干渉に相当する．簡単化のため，Josephson 接合は $y$ 方向には波動関数の空間変化が無視できるほど薄いものとする．

式(5.56-3)を $x$ について積分し，式(5.56-1)に代入して全 Josephson 電流 $I$ を求めると

$$I = \int_0^W dz \int_0^L J_0 \cdot \sin\left(-\frac{2edB}{\hbar}x + \theta_0\right)dx \tag{5.61}$$

となる．微小接合内で磁場は一定であるから，磁束 $\Phi \equiv B\cdot d\cdot L$ である．また，$I_0 \equiv WLJ_0$ として

$$I = I_0 \frac{\sin\left(\frac{\pi\Phi}{\Phi_0}\right)}{\frac{\pi\Phi}{\Phi_0}} \sin\left(-\frac{\pi\Phi}{\Phi_0} + \theta_0\right) \tag{5.62}$$

を得る．この結果から，超伝導電流 $I$ の最大値 $I_{\max}$ (最大 Josephson 電流)は，

## 5.4 超伝導電子波

外部から加えられた磁束に対して

$$I = I_0 \left| \frac{\sin\left(\frac{\pi \Phi}{\Phi_0}\right)}{\frac{\pi \Phi}{\Phi_0}} \right| \tag{5.63}$$

のように周期 $\Phi/\Phi_0$ で変化することがわかる．また，接合内の磁束は $\Phi \equiv B \cdot d \cdot L$ であるから，最初のゼロ点 ($I=0$) を観測するためには，接合断面積 ($d \cdot L$) が小さいほど大きな磁場を要する．

図5.27 に，実際のトンネル接合で観測された最大 Josephson 電流の磁束密度依存性を示す．図から明らかなように，最大 Josephson 電流は外部磁束の増加と共に周期的に増減を繰り返していることがわかる．これはレーザー光の回折現象の節で見た Frounhofer 回折パターン(図5.4(a))に似ている．光の強度は振幅の2乗になるという定量的な違いはあるが，レーザー光の回折に見られる Frounhofer 回折パターンに似ていることから，単一 Josephson 接合の Frounhofer 回折パターンと呼ばれている．

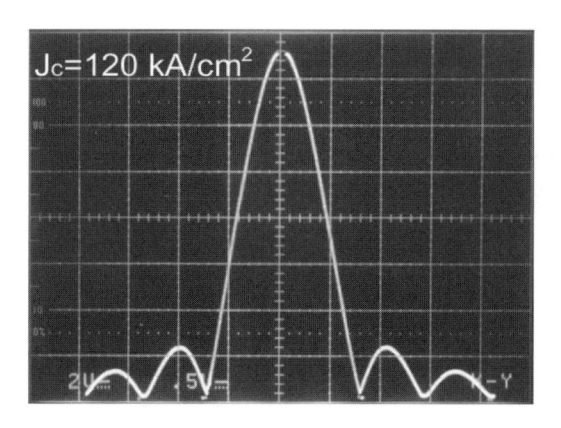

**図 5.27** 超伝導電子波の Fraunhofer 回折パターンの実測例
縦軸：臨界電流 $I_c$，横軸：印加磁場（NbN/AlN/NbN トンネル接合：独立行政法人・通信技術研究機構の王氏による）

図5.27の結果は，超伝導電子波が巨視的コヒーレンス性をもつことの確たる証拠になっている．前述したように，接合内の磁束は $\Phi \equiv B \cdot d \cdot L$ であるか

ら，接合の断面積 $d \cdot L$ が小さくなっていくと，超伝導電子波の Fraunhofer 回折パターンの零点を与える磁場の間隔は長くなっていく．これは，単スリットの幅が短くなっていくと，回折像の零点の間隔がどんどん長くなっていくことに類似している．

## 5.4.5 dc-SQUID の動作原理

前節まで，超伝導体では量子効果が巨視的に現れており，超伝導電子波は巨視的コヒーレント波であることを述べた．そして，Josephson 接合に外部から磁束を加えると，Josephson 電流は Fraunhofer 回折に類似のパターンを示した．これは，コヒーレントな超伝導電子波の干渉から生じるものであった（以後は干渉パターンと呼ぶ）．この1個の Josephson 接合を dc-SQUID と呼んでも構わないが，一般には（狭義の意味では）図 5.28 に示すように超伝導体で作られたリング中に2個の Josephson 接合を含むものを dc-SQUID と呼ぶ．この dc-SQUID の動作原理を説明する．簡単化のため，2個の Josephson 接合の面積は十分小さく，単接合の Fraunhofer 回折パターンの零点を与える磁場の間隔は十分大きいものとする（もし接合面積が大きいと，単接合の干渉パターンが重畳するが，ここでは議論しない）．また，リングの幅もその内部に $J=0$ の積分路がとれる程度に十分大きいものとする（リングの幅 $\gg \lambda_L$：London の磁場侵入深さ）．このような場合は，超伝導リングに鎖交する磁束 $\Phi$ の

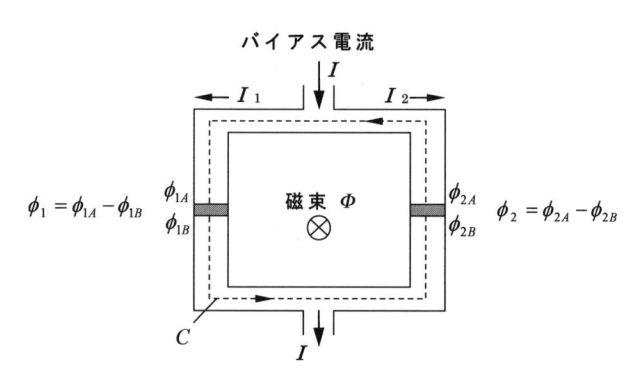

図 5.28　dc-SQUID の基本構造

## 5.4 超伝導電子波

みに注目すればよい．

はじめに，臨界電流の干渉パターンについて説明する．いたずらに複雑化せずに，2つの Josephson 接合の特性は全く等しいものとする．また左右の分岐も対称であるとする．Josephson 接合を流れる Josephson の関係式(5.56-1)から，全電流は

$$
\begin{aligned}
I &= I_1 + I_2 \\
&= I_0 \sin\phi_1 + I_0 \sin\phi_2 \\
&= 2I_0 \cos\left(\frac{\phi_1 - \phi_2}{2}\right)\sin\left(\frac{\phi_1 + \phi_2}{2}\right)
\end{aligned} \tag{5.64}
$$

となる．外部磁場がない場合，リングの左右の分岐を流れる超伝導電流は等しく，位相も等しくなる．$\phi_1 = \phi_2 \equiv \varphi$ とおくと

$$ I = 2I_0 \sin\varphi \tag{5.65} $$

となり，臨界電流が $2I_0$ の 1 個の Josephson 接合の式と同形になる．

しかし，リング面に垂直に磁場が印加された場合，この磁場を打ち消す向き(図中のループ $C$ の向き)に超伝導遮蔽電流(Meissner 電流)が流れる．これが左右の接合で外部磁場がない場合の超伝導電流に重畳して流れるため，各接合を流れる電流値が非対称になる．

前述した dc-SQUID ループ内の磁束と接合の位相差を結びつける関係式(5.20)を，図 5.28 のループ $C$ に沿って線積分すると

$$ \oint \nabla\phi \cdot d\boldsymbol{l} = \frac{2\pi}{\Phi_0}\oint \boldsymbol{A}\cdot d\boldsymbol{l} + \frac{m^*}{2e\hbar n_s}\oint \boldsymbol{J}_s \cdot d\boldsymbol{l} \tag{5.66} $$

である．積分路を超伝導リング(線径 $\gg \lambda_L$：London 侵入長)の十分内部にとることで，接合部分以外では $\boldsymbol{J}_s = 0$ とすることができる．また，右辺第 1 項のベクトルポテンシャルの線積分はストークスの定理より磁束密度 $\boldsymbol{B}$ の面積積分となるので

$$ \frac{2\pi}{\Phi_0}\oint \boldsymbol{A}\cdot d\boldsymbol{l} = \frac{2\pi}{\Phi_0}\int \boldsymbol{B}\cdot d\boldsymbol{S} = 2\pi\frac{\Phi}{\Phi_0} \tag{5.67} $$

を得る．ここで，$\Phi$ はループ $C$ の磁束である．各接合の両端の位相を $\phi_{1A}$, $\phi_{1B}$, $\phi_{2A}$, $\phi_{2B}$ とすると，結果として

$$\phi_1-\phi_2=(\phi_{1A}-\phi_{1B})+(\phi_{2A}-\phi_{2B})=\frac{2\pi}{\Phi_0}\Phi+2n\pi \quad (n\text{ は整数}) \quad (5.68)$$

と書ける．定義より $\phi_1\equiv\phi_{1A}-\phi_{1B}$；$\phi_2\equiv\phi_{2A}-\phi_{2B}$ であるから，上式は

$$\phi_1-\phi_2=\frac{2\pi}{\Phi_0}\Phi+2n\pi \quad (5.69)$$

となる．式(5.64)に代入して，Josephson 電流は

$$I=2I_0\cos\left(\pi\frac{\Phi}{\Phi_0}\right)\sin\left(\pi\frac{\Phi}{\Phi_0}+\phi_1-2n\pi\right) \quad (5.70)$$

と表され，最大 Josephson 電流は

$$I_{\max}=2I_0\left|\cos\left(\pi\frac{\Phi}{\Phi_0}\right)\right| \quad (5.71)$$

となる．

この $I_{\max}$-$\Phi$ 特性を図 5.29 に示す．これは，2 つのスリットを通るレーザー光の干渉パターン(図 5.6 参照)と類似している．

ここまで，dc-SQUID の臨界電流が外部磁束に対して 2 スリットのコヒーレント光波の干渉と同様な干渉パターンを示すことを説明してきた．次に，dc-SQUID のループ(超伝導リング)に加えられた磁束をどのように読み出すかについて説明する．結論からいえば，SQUID とは磁束を電圧に変換して読み出すセンサである．この磁気センサは，超伝導特有の量子干渉効果とフィードバック回路(周辺電子回路)を巧みに組み合わせることにより，磁束量子 $\Phi_0$

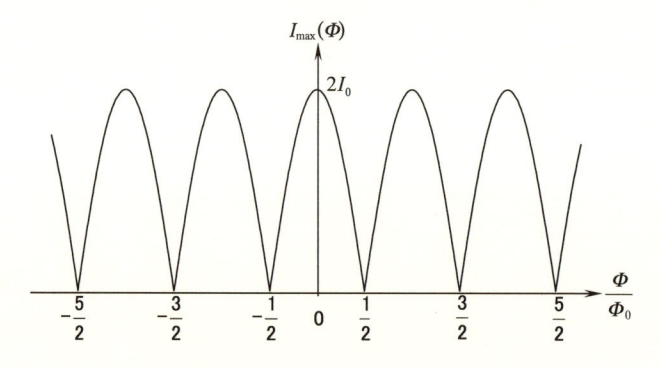

図 5.29 dc-SQUID の干渉パターン

## 5.4 超伝導電子波

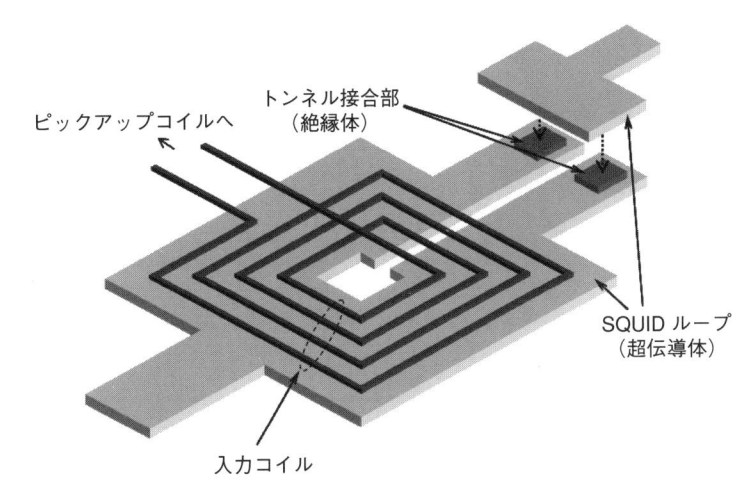

図5.30 SQUIDの素子構成

(ピックアップコイルへ、トンネル接合部（絶縁体）、SQUIDループ（超伝導体）、入力コイル)

$\equiv \dfrac{h}{2e} = 2.07 \times 10^{-15}$ Wbの10万分の1の磁束分解能を得ることができる[11]．その感度は，半導体センサを含めた他のセンサの実に10万倍以上に達する．このように超高感度であるため，人の脳から発生する超微弱な磁場をも検出できる．

dc-SQUIDは超伝導ループからなるためインダクタンスをもつ．また，左の分岐と右の分岐のインダクタンス間に相互インダクタンスも発生する．さらに，Josephson接合は酸化膜を挟んだ構造のためキャパシタンスをもつ．実際のSQUIDの解析ではこれらの効果を全て考慮しなければならないが，これらを無視しても基本動作の理解はできる．

SQUIDの電流-電圧特性は図5.31(a)のようになる．SQUIDに定電流バイアスしておくと，外部磁場により電流-電圧特性が変化し同図のような出力電圧波形が得られる．むろんこれも干渉パターンを描く．このように，直流の電流-電圧特性から磁束信号が電圧へ変換される特性が得られ，これからdc-SQUIDと呼ばれている．

以上，dc-SQUIDの動作特性を見てきたが，実際には図に示すように，低

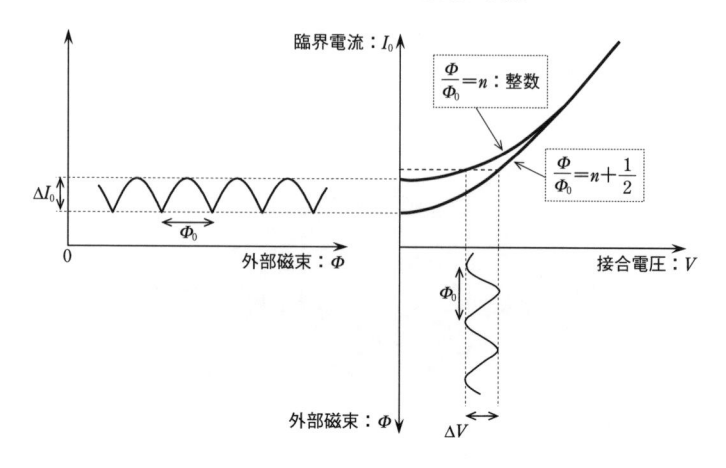

(a) dc-SQID の電流-電圧特性

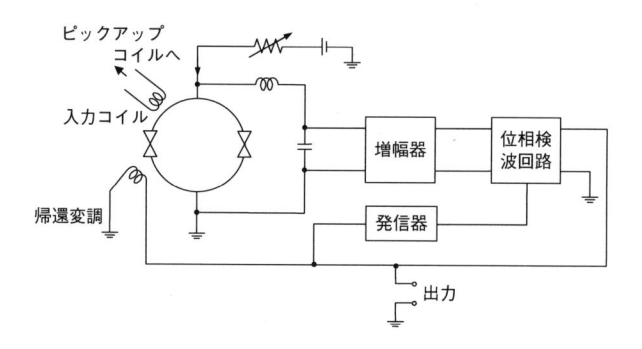

(b) 磁束読み出し回路

図 5.31　dc-SQID の電流-電圧特性および磁束読み出し回路

雑音電子回路と組み合わせて，磁束ロック回路(Flux-locked Loop：FLL)と呼ばれる負帰還回路を構成して使用する(図 5.31(b))．このような回路を用いることにより，人の脳から発生する微弱な磁気信号($10^{-12}$〜$10^{-15}$[T：テスラ])を計測できる超高感度のセンサとなる．

# 参 考 文 献

## 第2章
[1] 鈴木増雄監訳, 溜渕継博監翻訳, 石川正勝・宮島佐介訳：計算物理学入門. ハーベイ・ゴールド, ジャン・トボチニク：ピアソン・エデュケーション(2000).

## 第3章
[1] M. Born and E. Wolf: Principles of Optics 7th ed.: The Press Syndicate of The University Cambridge, Cambridge United Kingdom(1999). 日本語訳は, 草川徹訳：光学の原理I, II, III, 東海大学出版会.

## 第5章
[1] 櫛田孝司：量子光学, 朝倉書店(1984).
[2] 片山幹郎：レーザー化学I, 裳華房(1985).
[3] 鶴田匡夫：応用光学I, II, 培風館(1990).
[4] B. D. Culity: Elements of X-ray Diffraction, Addison-Wesley Pub., Reading, Massachusetts(1978). 日本語訳は, 松村源太郎訳：X線回折要論(新版), アグネ承風社(1999).
[5] 早稲田嘉夫・松原英一郎：X線構造解析, 内田老鶴圃(1998).
[6] 理学電機(株)編集：X線回折ハンドブック(改訂第2版)(1999).
[7] A. J. C. Wilson and E. Prince (ed.): International Tables for Crystallography Vol. C, International Union of Crystallography, Kluwer Academic Pub., Dordrecht/Boston/London(1999). 旧版は, ed. J. A. Ibers and W. C. Hamilton: International Tables for X-ray Crystallography Vol. IV, Kluwer Academic Pub., Dordrecht, Holland(1974).
[8] P. B. Hirsch, A. Howie, R. B. Nicholson, D. W. Pashley and M. J. Whelan: Electron Microscopy of Thin Crystals, Butterworth, London(1965). 日本語訳は, 諸住正太郎訳：透過電子顕微鏡法, コロナ社(1974).
[9] 日本金属学界編：回折結晶学, 丸善(1981).

[10] J. M. Cowley: Diffraction Physics (2 nd ed), North-Holland Pub. Amsterdam・New York・Oxford (1981).
[11] 原宏・栗城真也共編: 脳磁気科学—SQUID計測と医学応用—, オーム社 (1997).
[12] 村上雅人: 高温超伝導の材料科学, 内田老鶴圃 (1999).
[13] 菅野卓雄監修: ジョセフソン効果の物理と応用, 近代科学社 (1987).
[14] P. G. de Gennesc: Superconductivity of Metals and Alloys, W. A. Benjamin Inc., New York・Amsterdam (1966). 日本語訳は, 渋谷喜夫訳: 金属および合金の超電導, 6章, 養賢堂 (1975).
[15] ファインマン著, 砂川重信訳: ファインマン物理学5 量子力学, 21章, 岩波書店 (1986).
[16] Kittel 著, 宇野良清・津屋昇・森田章・山下次郎訳: 固体物理学入門 (6版) 12章, 丸善 (1990).
[17] ドナルド・マクドナルド: パリティ, vol. 16, No. 12, pp. 4-13 (2001).

# 索　引

## い
位相 …………………………………… 37
一次元回折格子 …………………… 55, 56
インコヒーレント波動 ………………… 5

## え
$Ar^+$ イオンレーザー ……………… 86, 90
X 線回折 ……………………………… 99, 104
He-Cd レーザー ……………………… 86
He-Ne レーザー ……………………… 85, 90
Ewald 球 ……………………………… 80
Ewald の作図 ………………………… 80

## お
Euler の式 …………………………… 17, 23, 24
Euler の無理数 ……………………… 23

## か
回折格子 ……………………………… 91
　　一次元── …………………… 55, 56
　　二次元── …………………… 59, 60
　　三次元── …………………… 66, 69
回折像 ………………………………… 51, 109
可干渉性 ……………………………… 3, 4
重ね合わせ …………………………… 31, 45
干渉計 ………………………………… 12
干渉現象 ……………………………… 95
干渉縞の明瞭度 ……………………… 9

## き
基底状態 ……………………………… 9
基本並進ベクトル …………………… 59, 64, 68

## 逆格子 ………………………………… 60, 64, 75
　　──ベクトル ………………… 65
球面波 ………………………………… 37, 42
　　──の重ね合わせ ………………… 45
Kirchhoff の回折理論 ………………… 45

## く
空間的コヒーレンス …………………… 12
Cooper 対 …………………………… 115, 116
クロネッカーのデルタ ……………… 30, 67

## け
原子散乱因子 ………………………… 100, 106

## こ
格子 …………………………………… 64
　　──定数 ……………………… 59
光波 …………………………………… 4, 6, 17
光路差 ………………………………… 12, 14
コヒーレンス ………………………… 3, 4
　　空間的── …………………… 12
　　時間的── …………………… 12
コヒーレント長 ……………………… 13
コヒーレント波動 …………………… 3, 85
　　イン── ……………………… 5

## さ
三次元回折格子 ……………………… 66, 69
散乱角 ………………………………… 63
散乱体の散乱振幅 …………………… 61
散乱ベクトル ………………………… 63

## し

時間的コヒーレンス……………12
色素レーザー……………………86
指数付け…………………………65
システム関数……………………33
実空間……………………………64
実格子の基本並進ベクトル……68
シフトレジスタ…………………34
周期………………………………59
消滅則……………………………72
ジョーンズベクトル……………97
食塩型構造………………………72
Josephson 侵入長……………124
Josephson 素子………………123
Josephson 方程式……………118
　　——第一方程式…………121
　　——第二方程式…………123
　　——第三方程式…………124
振動数……………………………37

## す

スリット……………………53, 91

## せ

正弦波………………………………2
閃亜鉛鉱型構造…………………73

## た

体心立方格子……………………69
ダイヤモンド型構造……………74
単位ベクトル………………27, 63
単位胞……………………………59
単純立方格子……………………69

## ち

超伝導電子対…………………115

超伝導電子波…………………114
超伝導量子干渉素子(dc-SQUID)
　………………………………114, 128

## つ

対………………………………115

## て

dc-SQUID……………………114, 128
ディジタルフィルタ回路………33
ディフラクトメータ…………101
Taylor 級数展開…………………25
点光源………………………………8
電子顕微鏡……………………106
電子線…………………………105
電磁波……………………………17
電波………………………………17

## と

動力学的効果…………………113

## な

波…………………………17, 37, 43
　　——の回折現象………………43
　　——の干渉……………………43

## に

二次元回折格子……………59, 60

## は

波数…………………………37, 38
波長………………………………38
波動…………………………1, 3, 85
波面………………………………39
反転分布…………………………10

## ひ

BCS 理論 …………………………115
光共振器………………………………10
非巡回型ディジタルフィルタ…………33

## ふ

VCO ……………………………………123
複素 Fourier 級数展開 ………29, 30
Fraunhofer 回折…………………48, 87
Fourier 変換 …………26, 33, 41, 45, 53
Bragg 角 ……………………………79
Bragg の法則 ………………………80
Bragg 反射 …………………………80
Brillouin zone 境界面…………………82

## へ

平面波………………………31, 37, 39
偏光………………………………………95

## ほ

Huygens の原理 ……………………44

## ま

マイケルソン型干渉計 …………11, 13
マッハツェンダー型干渉計 ………11, 12

## み

Miller 指数 …………………………67

## め

面心立方格子……………………………69

## や

ヤングの干渉実験 ……………………7

## ゆ

誘導放出………………………………10

## よ

余弦波……………………………………2

## ら

Laue 関数 …………………………56

## り

離散 Fourier 逆展開……………………31
離散 Fourier 展開………………………31

## れ

励起状態 ………………………………9
レーザー……………………………85, 86
　　Ar$^+$ イオン ——………86, 90
　　He-Cd —— ………………………86
　　He-Ne —— ……………………85, 90
　　固体 —— …………………………87
　　色素 —— …………………………86
レンズ ……………………………49, 81, 107

## 材料学シリーズ　監修者

| 堂山昌男 | 小川恵一 | 北田正弘 |
|---|---|---|
| 東京大学名誉教授 | 横浜市中央図書館館長 | 東京芸術大学教授 |
| 帝京科学大学名誉教授 | 元横浜市立大学学長 | 工学博士 |
| Ph. D., 工学博士 | Ph. D. | |

**著者略歴**　石黒　孝（いしぐろ　たかし）
　　　　　　　新潟県生まれ
　　1979年　新潟大学理学部物理学科卒業
　　1985年　東京工業大学大学院理工学研究科金属工学専攻修了
　　　　　　工学博士
　　1987年　Purdue University 博士研究員
　　1991年　長岡技術科学大学工学部助教授

　　　　　　小野　浩司（おの　ひろし）
　　　　　　　岡山県生まれ
　　1985年　大阪大学基礎工学部物性物理工学科卒業
　　1987年　大阪大学大学院基礎工学研究科物理系専攻（修士課程）
　　　　　　修了　クラレ中央研究所を経て
　　1995年　工学博士（大阪大学）
　　2004年　長岡技術科学大学工学部教授

　　　　　　濱崎　勝義（はまさき　かつよし）
　　　　　　　鹿児島県生まれ
　　1974年　鹿児島大学工学部電子工学科卒業
　　1980年　九州大学大学院工学研究科電子工学専攻（博士課程）中退
　　1983年　工学博士（九州大学）
　　1994年　長岡技術科学大学工学部教授

2006年7月25日　第1版発行

材料学シリーズ
**材料物性と波動**
コヒーレント波の数理と現象

検印省略

著　者　©　石　黒　　　孝
　　　　　　小　野　浩　司
　　　　　　濱　崎　勝　義
発行者　　　内　田　　　悟
印刷者　　　山　岡　景　仁

発行所　株式会社　内田老鶴圃　〒112-0012 東京都文京区大塚3丁目34番3号
　　　　　　　　　　　　　　　電話 (03) 3945-6781(代)・FAX (03) 3945-6782
　　　　　　　　　　　　　　　印刷・製本／三美印刷 K.K.

Published by UCHIDA ROKAKUHO PUBLISHING CO., LTD.
3-34-3 Otsuka, Bunkyo-ku, Tokyo, Japan

U. R. No. 548-1

ISBN 4-7536-5628-4 C3042

## 材料学シリーズ
堂山昌男・小川恵一・北田正弘　監修　（A5判並製，既刊28冊以後続刊）

**金属電子論　上・下**
水谷宇一郎 著　　上：276頁・3150円
　　　　　　　　下：272頁・3360円

**結晶・準結晶・アモルファス**
竹内 伸・枝川圭一 著　192頁・3360円

**オプトエレクトロニクス**
水野博之 著　264頁・3675円

**結晶電子顕微鏡学**
坂 公恭 著　248頁・3780円

**X線構造解析**
早稲田嘉夫・松原英一郎 著　308頁・3990円

**セラミックスの物理**
上垣外修己・神谷信雄 著　256頁・3780円

**水素と金属**
深井 有・田中一英・内田裕久 著　272頁・3990円

**バンド理論**
小口多美夫 著　144頁・2940円

**高温超伝導の材料科学**
村上雅人 著　264頁・3780円

**金属物性学の基礎**
沖 憲典・江口鐵男 著　144頁・2415円

**入門　材料電磁プロセッシング**
浅井滋生 著　136頁・3150円

**金属の相変態**
榎本正人 著　304頁・3990円

**再結晶と材料組織**
古林英一 著　212頁・3675円

**鉄鋼材料の科学**
谷野 満・鈴木 茂 著　304頁・3990円

**人工格子入門**
新庄輝也 著　160頁・2940円

**入門 結晶化学**
庄野安彦・床次正安 著　224頁・3780円

**入門 表面分析**
吉原一紘 著　224頁・3780円

**結晶成長**
後藤芳彦 著　208頁・3360円

**金属電子論の基礎**
沖 憲典・江口鐵男 著　160頁・2625円

**金属間化合物入門**
山口正治・乾 晴行・伊藤和博 著　164頁・2940円

**液晶の物理**
折原 宏 著　264頁・3780円

**半導体材料工学**
大貫 仁 著　280頁・3990円

**強相関物質の基礎**
藤森 淳 著　268頁・3990円

**燃料電池**
工藤徹一・山本 治・岩原弘育 著　256頁・3990円

**タンパク質入門**
高山光男 著　232頁・2940円

**マテリアルの力学的信頼性**
榎 学 著　144頁・2940円

**材料物性と波動**
石黒 孝・小野浩司・濱崎勝義 著　148頁・2730円

---

## X線構造解析　原子の配列を決める
早稲田嘉夫・松原英一郎 著
A5判・308頁・定価3990円（本体3800円＋税5%）

## X線回折分析
加藤誠軌 著
A5判・356頁・定価3150円（本体3000円＋税5%）

## 結晶電子顕微鏡学　—材料研究者のための—
坂 公恭 著
A5判・248頁・定価3780円（本体3600円＋税5%）

## 高温超伝導の材料科学　—応用への礎として—
村上雅人 著
A5判・264頁・定価3780円（本体3600円＋税5%）

## X線で何がわかるか
加藤誠軌 著
A5判・160頁・定価1890円（本体1800円＋税5%）

表示の価格は税込定価（本体価格＋税5%）です．